Kohlhammer

Uwe Zimmermann

Die Gefährdungsbeurteilung

Eine Aufgabe des Arbeitsschutzes bei der Feuerwehr und im Rettungsdienst

1. Auflage

Verlag W. Kohlhammer

Dieses Werk einschließlich aller seiner Teile ist urheberrechtlich geschützt. Jede Verwendung außerhalb der engen Grenzen des Urheberrechts ist ohne Zustimmung des Verlags unzulässig und strafbar. Das gilt insbesondere für Vervielfältigungen, Übersetzungen, Mikroverfilmungen und für die Einspeicherung und Verarbeitung in elektronischen Systemen.
Die Wiedergabe von Warenbezeichnungen, Handelsnamen und sonstigen Kennzeichen in diesem Buch berechtigt nicht zu der Annahme, dass diese von jedermann frei benutzt werden dürfen. Vielmehr kann es sich auch dann um eingetragene Warenzeichen oder sonstige geschützte Kennzeichen handeln, wenn sie nicht eigens als solche gekennzeichnet sind.
Die Bilder stammen – soweit nicht anders angegeben – vom Autor.

1. Auflage 2019

Alle Rechte vorbehalten
© W. Kohlhammer GmbH, Stuttgart
Gesamtherstellung: W. Kohlhammer GmbH, Stuttgart

Print:
ISBN 978-3-17-035857-7

E-Book-Formate:
pdf: ISBN 978-3-17-035859-1
epub: ISBN 978-3-17-035860-7
mobi: ISBN 978-3-17-035861-4

Für den Inhalt abgedruckter oder verlinkter Websites ist ausschließlich der jeweilige Betreiber verantwortlich. Die W. Kohlhammer GmbH hat keinen Einfluss auf die verknüpften Seiten und übernimmt hierfür keinerlei Haftung.

Inhaltsverzeichnis

Vorwort **9**

Einleitung **11**

1 Rechtliche Grundlagen **13**
    1.1 Arbeitsschutzgesetz 14
    1.2 DGUV Vorschrift 1 16
    1.3 Weitere Verordnungen und Regelwerke 17
    1.3.1 Arbeitsstättenverordnung (ArbStättV) 19
    1.3.2 Betriebssicherheitsverordnung (BetrSichV) 19
    1.3.3 Bildschirmarbeitsverordnung (BildscharbV) 20
    1.3.4 Biostoffverordnung (BioStoffV) 20
    1.3.5 Gefahrstoffverordnung (GefStoffV) 21
    1.3.6 Mutterschutzgesetz (MuSchG) 22
    1.3.7 Verordnung zum Schutz der Mütter am Arbeitsplatz (MuSchArbV) 22
    1.3.8 Gesetz zum Schutz der arbeitenden Jugend (JArbSchG) 22
    1.3.9 Verordnung zum Schutz der Beschäftigten vor Gefährdungen durch Lärm und Vibrationen (LärmVibrationsArbSchV) 23
    1.3.10 Verordnung zur Bereitstellung und Benutzung von Persönlicher Schutzausrüstung (PSA – BV) 23
    1.3.11 Verordnung über Sicherheit und Gesundheitsschutz bei der manuellen Handhabung von Lasten bei der Arbeit (Lastenhandhabungsverordnung – LasthandhabV) 24
    1.3.12 Technische Regeln 24
    1.3.13 Informationen der Unfallversicherungsträger und der Berufsgenossenschaften 25

2 Arbeitsschutzorganisation und Gefährdungsbeurteilung **27**

3 Ziel und Zweck der Gefährdungsbeurteilung **30**

Inhaltsverzeichnis

4 Aufgaben und Verantwortung im Arbeitsschutz **32**
    4.1 Allgemein 32
    4.2 Der Arbeitgeber 32
    4.3 Pflichtenübertragung 33
    4.4 Fachkraft für Arbeitssicherheit und Arbeitsmediziner 34
    4.5 Führungskräfte 35
    4.6 Personalrat/Personalvertretung 37
    4.7 Sicherheitsbeauftragte 38
    4.8 Beschäftigte 39

5 Anlass und Aktualisierung der Gefährdungsbeurteilung **40**
    5.1 Anlass und Überprüfung der Gefährdungsbeurteilung 40
    5.2 Aktualisierung und Kontrolle 43

6 Arbeitsmittel **46**
    6.1 Allgemein 46
    6.2 Fahrzeuge 47
    6.3 Prüfung von Arbeitsmitteln 48
    6.4 Organisation der Prüfung 50
    6.5 Prüfpersonal 55

7 Umfang einer Gefährdungsbeurteilung **56**

8 Rechtliche Konsequenzen bei Pflichtverletzungen **58**

9 Gefährdungsbeurteilungen des Einsatz- und Dienstbetriebs **62**
    9.1 Einsatzbetrieb 63
    9.2 Dienst-/Regelbetrieb 66

10 Unfälle und arbeitsbedingte Erkrankungen **67**

11 Besondere Personengruppen **70**
    11.1 Mutterschutz 70
    11.2 Kinder- und Jugendgruppen 71
    11.3 Berufsanfänger und Berufseinsteiger 73

Inhaltsverzeichnis

12 Merkmale einer Gefährdungsbeurteilung **75**

13 Manuelle Lasthandhabung und körperliche Belastung **80**
    13.1 Allgemein 80
    13.2 Ergonomie 81
    13.3 Leitmerkmalmethode 82

14 Gefährdungsbeurteilung in 7 Schritten **93**
    14.1 Schritt 1: Gefährdungsbeurteilung vorbereiten 95
    14.2 Schritt 2: Gefährdungen ermitteln 98
    14.3 Schritt 3: Beurteilung der Gefährdungen 108
    14.4 Schritt 4: Festlegen von Schutzzielen und Schutzmaßnahmen .. 116
    14.5 Schritt 5: Durchführen der Maßnahmen 125
    14.6 Schritt 6: Maßnahmen überprüfen 128
    14.7 Schritt 7: Dokumentation 128

15 Gefährdungsbeurteilung psychische Belastung **135**
    15.1 Allgemein 135
    15.2 Psychische Belastungen und Beanspruchungen 135
    15.3 Beurteilung psychischer Gefährdungen 142
    15.3.1 Schritt 1: Vorbereiten 143
    15.3.2 Schritt 2: Ermitteln 144
    15.3.3 Schritt 3: Beurteilung/Auswertung der Ergebnisse 146
    15.3.4 Schritt 4: Festlegen von Maßnahmen 147
    15.3.5 Schritt 5: Durchführung der Maßnahmen 149
    15.3.6 Schritt 6: Überprüfung der Maßnahmen 149
    15.3.7 Schritt 7: Dokumentation 149

16 Zusammenfassung **150**

    Abkürzungen **151**

    Begriffserläuterungen **153**

    Literaturverzeichnis **157**

Inhaltsverzeichnis

 Auf unserer Homepage: https://www.kohlhammer-feuerwehr.de/downloads können Sie zusätzliche Inhalte zu diesem Fachbuch herunterladen.

Der Anhang zum Fachbuch umfasst:
Anhang 1: Arbeitsblatt
Anhang 2: Dokumentationsbogen
Anhang 3: Gefährdungsbeurteilung »Mutterschutz«
Anhang 4: Checkliste »GEFÄHRDUNGSFAKTOREN«
Anhang 5: Wartungs-/Instandsetzungs- und Prüfprotokoll
Anhang 6: Fragebogen zur psychischen Belastung

Um Zugriff auf die Inhalte zu erhalten, benutzen Sie bitte folgendes Kennwort:
Arbeitssicherheit

Vorwort

Die Arbeitswelt ist grundsätzlichen Veränderungen unterworfen. Neben den gesetzlichen Änderungen und den technischen Weiterentwicklungen sind auch Änderungen der gesellschaftlichen Rahmenbedingungen zu verzeichnen. Das bedeutet, dass zu bereits bekannten Gefährdungen oder Belastungen der Beschäftigten bei der Arbeit neue Gefährdungen hinzukommen können. Der Arbeitsschutz ist weit mehr als nur das Abhaken von Listen, um den rechtlichen Vorgaben Rechnung zu tragen. Lag zurückblickend der Fokus mehr auf der Vermeidung von Arbeitsunfällen, so rücken heute u. a. auch die psychischen und körperlichen Belastungen immer mehr ins Blickfeld. Im Rahmen der Durchführung von Gefährdungsbeurteilungen erhält man wichtige Hinweise darauf, ob ein Handlungsbedarf im Sinn des Arbeits- und Gesundheitsschutzes besteht.

Auch für den Arbeitsschutz bei der Feuerwehr oder dem Rettungsdienst stellt die Gefährdungsbeurteilung ein wesentliches Element zur Erfüllung der übertragenen Aufgaben im Arbeits- und Gesundheitsschutzes dar.

Das vorliegende Buch ist dazu gedacht, dem Leiter der Feuerwehr oder dem Feuerwehrkommandanten bzw. dem verantwortlichen Leiter des Rettungsdienstes mit den entsprechenden Hintergrundinformationen, bei der systematischen Umsetzung des Arbeitsschutzes, einen Einstieg in die Erstellung von Gefährdungsbeurteilungen zu ermöglichen. Die hier beschriebenen Schritte zum Verfassen von Gefährdungsbeurteilungen sind rechtlich nicht vorgeschrieben. Eine Gefährdungsbeurteilung kann selbstverständlich auch in einer gänzlich anderen Form oder auf einem anderen Weg durchgeführt werden. Die beschriebenen Anleitungen sowie die exemplarischen Mustergefährdungsbeurteilungsbögen, die als separates E-Book beim Kohlhammer-Verlag herausgegeben werden, können jedoch als eine praxisnahe Hilfestellung bei der Umsetzung der gesetzlichen Forderung zur Erstellung von Gefährdungsbeurteilungen im jeweiligen Verantwortungsbereich genutzt werden.

Die Feuerwehren und Rettungsdienste werden an den unterschiedlichsten Einsatzstellen tätig und verfügen gemäß den jeweils gültigen Brand- und Hilfeleistungs- bzw. Rettungsdienstgesetzen der Länder über eine den örtlichen Verhältnissen angepasste, jedoch möglicherweise unterschiedliche, technische Ausstattung. Auch bei den taktischen Vorgehensweisen bzw. bei den medizinischen Standards sind bei den Feuerwehren oder Rettungsdiensten durchaus Unterschiede zu erkennen. Die Gefährdungen sind bezogen auf die jeweilige Feuerwehr oder den Rettungsdienst zwar ähnlich, dennoch müssen sie speziell auf den jeweiligen Bereich (Feuerwehr,

Vorwort

Rettungsdienst) unter Bezug auf die örtlichen Verhältnisse ermittelt werden. Vor diesem Hintergrund kann es zwangsläufig keine allgemeingültigen bzw. einheitlichen Gefährdungen und daraus abgeleitet keine universellen Gefährdungsbeurteilungen für die Feuerwehren bzw. Rettungsdienste geben.

Zur besseren Lesbarkeit wurde bei den Begriffen wie Beschäftigte, Arbeitgeber, Unternehmer etc. auf die weibliche Form verzichtet. Wird der Bezug auf Personen hergestellt und ist die männliche Sprachform gewählt, sind damit sowohl Frauen als auch Männer gemeint.

 Als weiterführendes Hilfsmittel kann eine Auswahl an Mustergefährdungsbeurteilungen in dem separaten E-Book: »Gefährdungsbeurteilungen. Druckvorlagen für Feuerwehr und den Rettungsdienst« erworben werden.

Einleitung

Der moderne Arbeitsschutz (ArbSchG; BAuA, 2002; Zimmermann & Tittmann, 2016) umfasst neben der Unfallverhütung selbstverständlich auch den Gesundheitsschutz der Beschäftigten sowie die Vermeidung von arbeitsbedingten Gesundheitsgefahren bzw. die Gestaltung einer menschengerechten Arbeit.

Das Arbeitsschutzgesetz (ArbSchG) und die Vorschrift 1 »Grundsätze der Prävention« der Deutschen Gesetzlichen Unfallversicherung (DGUV, 2013) ermöglichen aufgrund von eher abstrakten Formulierungen variable Gestaltungsmöglichkeiten hinsichtlich der Umsetzung der Arbeitsschutzvorgaben. Die grundsätzliche Verantwortung des Arbeitgebers im Arbeitsschutz wird in den rechtlichen Grundlagen explizit hervorgehoben. Im Bereich der Kommunalverwaltung ist der Landrat bzw. (Ober-) Bürgermeister oder der Verantwortliche für den Rettungsdienst im Sinn des Arbeitsschutzgesetzes mit dem dort genannten Arbeitgeber gleichzusetzen. Er trägt die Verantwortung für die Umsetzung des Arbeits- und Gesundheitsschutzes innerhalb seines Zuständigkeitsbereichs.

Die aus den rechtlichen Bedingungen hervorgegangenen Vorgaben gelten gleichermaßen sowohl für die Feuerwehr als auch für den Rettungsdienst. Im Rahmen der Pflichtenübertragung von Kompetenzen und Aufgaben hat demnach der Leiter der Feuerwehr bzw. der Feuerwehrkommandant oder der Verantwortliche für den Rettungsdienst in seinem Zuständigkeitsbereich mit den ihm hierarchisch nach geordneten Strukturen den Arbeitsschutz eigenverantwortlich zu organisieren (Zimmermann & Tittmann, 2016). Bei der Umsetzung der gesetzlichen Vorgaben sind die jeweils Verantwortlichen mit einem breiten Handlungsspielraum ausgestattet. Das bedeutet unter anderem, dass die Art und Weise, wie Gefährdungsbeurteilungen durchgeführt werden sollen, nicht explizit festgeschrieben ist. Es besteht lediglich eine gesetzliche Vorgabe zur Erstellung von Gefährdungsbeurteilungen.

In der Gefährdungsbeurteilung werden die relevanten Gefährdungen, mit denen die Beschäftigten bei der Feuerwehr/dem Rettungsdienst bei ihrer Berufsausübung täglich konfrontiert sind, systematisch erfasst, analysiert und bewertet. Die hieraus gewonnenen Erkenntnisse dienen dazu, den Schutz der Sicherheit und der Gesundheit der Beschäftigten bei der Arbeit zu erhöhen. Die sich ergebenden Maßnahmen unterliegen der Überprüfung auf Wirksamkeit.

1 Rechtliche Grundlagen

In Deutschland ruht der Arbeitsschutz historisch begründet auf zwei Säulen (Bild 1) und ist als duales Arbeitsschutzsystem aufgebaut (Zimmermann & Tittmann, 2016; BMAS, 2018). Das bedeutet, dass neben dem staatlichen Arbeitsschutz mit seinen rechtlichen Normen den Trägern der Unfallversicherungen das im Siebten Buch Sozialgesetzbuch, SGB VII verankerte Recht eingeräumt ist, eigene Vorschriften zur Unfallverhütung zu erlassen. Hierbei richten sich die Vorgaben des Staatlichen Arbeitsschutzes vorwiegend an die hauptamtlich Beschäftigten bei den Feuerwehren und Rettungsdiensten, während sich die Vorschriften der Träger der gesetzlichen Unfallkassen vorrangig an die ehrenamtlichen Mitglieder der Feuerwehren bzw. der Rettungsdienste richten.

Das Arbeitsschutzgesetz ist ein Bundesgesetz, dessen Konkretisierung sich aus den zahlreichen, ebenfalls rechtsverbindlichen Verordnungen ergibt. Nicht rechtsverbindlich sind die Verwaltungsvorschriften, die Regeln der Technik und die wissenschaftlichen Erkenntnisse. Die von den Trägern der Unfallversicherungen (DGUV) in Abstimmung mit dem Bundesministerium für Arbeit und Soziales, das gemäß § 15(4) SGB VII hier im Rahmen der Fachaufsicht wirkt, erlassenen Vorschriften haben

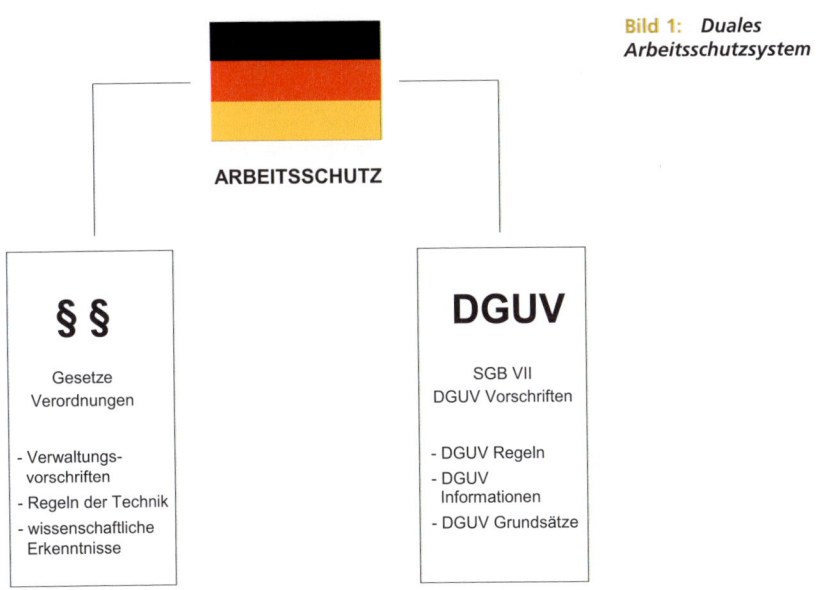

Bild 1: *Duales Arbeitsschutzsystem*

1 Rechtliche Grundlagen

ebenfalls einen rechtsverbindlichen Charakter. Die DGUV Regeln, Informationen und Grundsätze geben weiterführende Hinweise für den Verantwortlichen und sind nicht rechtsverbindlich. Das Arbeitsschutzgesetz (ArbSchG) und die Vorschrift 1 »Grundsätze der Prävention« der Deutschen Gesetzlichen Unfallversicherung (DGUV) stellen für den Arbeitgeber die Grundlage für das Handeln im Arbeitsschutz und damit für die Sicherheit und den Gesundheitsschutz der Beschäftigten bei der Arbeit dar. Hiermit ist auch der Ausgangspunkt für die Erstellung der Gefährdungsbeurteilung gegeben.

Bei der großen Umfänglichkeit der Themen im Arbeitsschutz kann man nicht davon ausgehen, dass der Arbeitgeber die Themenfelder alleine überblicken kann. Zu diesem Zweck kann er sich der Unterstützung durch Arbeitsmediziner (Betriebsärzte) und durch Fachkräfte für Arbeitssicherheit bedienen. Diese beraten den Arbeitgeber auch bei der Erstellung von Gefährdungsbeurteilungen. Die Grundlagen und Voraussetzungen für die Unterstützung im Arbeitsschutz durch die Arbeitsmediziner (Betriebsärzte) und Fachkräfte für Arbeitssicherheit sind im Arbeitssicherheitsgesetz (ASiG) festgelegt.

Es soll an dieser Stelle hervorgehoben werden, dass es nicht beabsichtigt ist, die für den Arbeitsschutz relevanten, rechtlich Grundlagen umfassend darzustellen. Die weiteren Ausführungen zu den rechtlichen Aspekten beziehen sich daher ausschließlich auf die Gefährdungsbeurteilung.

1.1 Arbeitsschutzgesetz

Mit dem Arbeitsschutzgesetz (Gesetz über die Durchführung von Maßnahmen des Arbeitsschutzes zur Verbesserung der Sicherheit und des Gesundheitsschutzes der Beschäftigten bei der Arbeit, ArbSchG) wird die europäische Rahmenrichtlinie (89/391/EWG) in nationales Recht überführt. Ziel des Arbeitsschutzgesetzes ist es, dass durch geeignete Maßnahmen des Arbeitsschutzes die Gesundheit der Beschäftigten gesichert und verbessert wird.

Das Arbeitsschutzgesetz regelt die grundsätzlichen Pflichten des Arbeitgebers, die Pflichten und Rechte der Beschäftigten wie auch die Kontrolle der Maßnahmen im Arbeitsschutz. Im ersten Abschnitt des ArbSchG sind die allgemeinen Vorschriften gefasst, Abschnitt zwei greift die Pflichten der Arbeitgeber auf und in Abschnitt drei sind die Pflichten und Rechte der Beschäftigten formuliert. Gemäß dem in Abschnitt zwei formulierten § 3 ArbSchG müssen durch den Arbeitgeber alle erforderlichen, organisatorischen Maßnahmen für die Sicherheit und zum Schutz der Gesundheit der Beschäftigten bei der Arbeit ergriffen werden. Hierbei ist auch zu prüfen, ob die

1.1 Arbeitsschutzgesetz

eingeleiteten Maßnahmen die erwartete Wirkung zeigen; ggf. sind die Maßnahmen entsprechend anzupassen. Bei der Festlegung der Maßnahmen ist der aktuelle Stand der technischen Entwicklung zu berücksichtigen. § 3 ArbSchG zielt ausschließlich auch die Überprüfung der Wirksamkeit der Maßnahmen ab.

§ 3 Grundpflichten des Arbeitgebers

(1) Der Arbeitgeber ist verpflichtet, die erforderlichen Maßnahmen des Arbeitsschutzes unter Berücksichtigung der Umstände zu treffen, die Sicherheit und Gesundheit der Beschäftigten bei der Arbeit beeinflussen. Er hat die Maßnahmen auf ihre Wirksamkeit zu überprüfen und erforderlichenfalls sich ändernden Gegebenheiten anzupassen. Dabei hat er eine Verbesserung von Sicherheit und Gesundheitsschutz der Beschäftigten anzustreben.

In § 4 ArbSchG werden vom Gesetzgeber die Grundsätze bei der Umsetzung von Maßnahmen für die Sicherheit und die Gesundheit der Beschäftigten herausgestellt. Das bedeutet, dass potentielle Gefahren an ihrem Ursprung zu beseitigen sind und Gefährdungen der Sicherheit und der Gesundheit der Beschäftigten weitestgehend zu vermeiden oder zumindest zu minimieren sind. Die Nachrangigkeit der Verwendung von PSA im Vergleich zu technischen oder organisatorischen Maßnahmen wird deutlich gemacht, weil das zwar eine Erhöhung der Schutzwirkung für die Beschäftigten bedeutet, nicht jedoch die Bekämpfung der Gefahren am Ursprung.

Ein wesentlicher Teil des ArbSchG sind die §§ 5 (Beurteilung der Arbeitsbedingungen) und 6 (Dokumentation). Auf der Grundlage des § 5 ArbSchG ergibt sich die Notwendigkeit, die Gefährdungen, die sich bei der Arbeit für die Beschäftigten ergeben können, zu beurteilen. Bei der Beurteilung der Gefährdungen sind dann sowohl die Art der Tätigkeiten wie auch die Gestaltung und Einrichtungen der Arbeitsstätte bzw. der Arbeitsplätze, die Auswahl und der Einsatz von Arbeitsmitteln, die Arbeitsabläufe, die Qualifikation und Unterweisung der Beschäftigten aber auch die psychischen Belastungen der Beschäftigten zu betrachten. Hier können Tätigkeiten bei gleichartigen Arbeitsbedingungen zusammengefasst, d. h. in einer Gefährdungsbeurteilung betrachtet werden.

§ 5 Beurteilung der Arbeitsbedingungen

(1) Der Arbeitgeber hat durch eine Beurteilung der für die Beschäftigten mit ihrer Arbeit verbundenen Gefährdung zu ermitteln, welche Maßnahmen des Arbeitsschutzes erforderlich sind.

1 Rechtliche Grundlagen

> (2) Der Arbeitgeber hat die Beurteilung je nach Art der Tätigkeiten vorzunehmen. Bei gleichartigen Arbeitsbedingungen ist die Beurteilung eines Arbeitsplatzes oder einer Tätigkeit ausreichend.

Dementsprechend ist die Gefährdungsbeurteilung als Grundlage für einen effizienten Arbeitsschutz sowohl bei der Feuerwehr als auch für den Rettungsdienst anzusehen.

Gemäß § 6 ArbSchG muss eine Dokumentation durchgeführt werden, aus der unter anderem auch das Ergebnis der Gefährdungsbeurteilung und der sich daraus abgeleiteten Maßnahmen ergibt.

§ 6 Dokumentation

(1) Der Arbeitgeber muß über die je nach Art der Tätigkeiten und der Zahl der Beschäftigten erforderlichen Unterlagen verfügen, aus denen das Ergebnis der Gefährdungsbeurteilung, die von ihm festgelegten Maßnahmen des Arbeitsschutzes und das Ergebnis ihrer Überprüfung ersichtlich sind. Bei gleichartiger Gefährdungssituation ist es ausreichend, wenn die Unterlagen zusammengefasste Angaben enthalten.

Die Bedeutung der Dokumentation ist vor allem als Grundlage für die Klärung von rechtlichen Fragen nicht zu unterschätzen.

1.2 DGUV Vorschrift 1

Relevante Paragraphen der DGUV Vorschrift 1 (Grundlagen der Prävention)
§ 2 Grundpflichten des Arbeitgebers
§ 3 Beurteilung der Arbeitsbedingungen und Dokumentation

Mit der DGUV Vorschrift 1 werden die grundsätzlichen Vorgaben zur Organisation des betrieblichen Arbeitsschutzes seitens der Träger der Unfallversicherungen formuliert und durch die DGUV Regel 100-001 konkretisiert und erläutert.

In der DGUV Vorschrift 1 sind im zweiten Kapitel die Vorgaben für die Arbeitgeber analog dem ArbSchG verfasst. In § 2 (Grundpflichten) wird ausgeführt, dass der Arbeitgeber „*die erforderlichen Maßnahmen zur Verhütung von Arbeitsunfällen, Berufskrankheiten und arbeitsbedingten Gesundheitsgefahren*" zu treffen hat. Der Arbeitgeber/Unternehmer hat bei der Festlegung der Maßnahmen für die Sicherheit und den Gesundheitsschutz der Beschäftigten die jeweiligen Regelwerke heranzuziehen. Mit dieser in § 2 Abs. 2 DGUV Vorschrift 1 getätigten Formulierung wird seitens der Träger der Unfallversicherungen deutlich gemacht, dass die staatlichen Vorgaben wie auch die der Unfallversicherungsträger zum Arbeitsschutz zu beachten sind.

Für den Aufgabenbereich der ehrenamtlich Tätigen bei der Feuerwehr oder im Rettungsdienst entspricht die sich aus § 3 DGUV Vorschrift 1 ergebende Forderung, Gefährdungsbeurteilungen zu erstellen und die entsprechenden Maßnahmen zu ergreifen, der für den hauptamtlichen Bereich. Man spricht in diesem Zusammenhang auch von einer Gleichwertigkeit (DGUV Regel 100-001). Die Bedeutung der Gefährdungsbeurteilung im betrieblichen Arbeitsschutz wird herausgestellt. Zudem wird explizit darauf verwiesen, dass die Gefährdungsbeurteilung die Voraussetzung für die Festlegung von geeigneten Maßnahmen beim Arbeitsschutz darstellt, wobei die Maßnahmen auf Wirksamkeit überprüft und zu einem gegebenen Zeitpunkt angepasst werden müssen. Für den Zeitpunkt der Anpassung der Gefährdungsbeurteilung werden konkrete Beispiele genannt (§ 3 Abs. 2, DGUV Regel 100-001).

Die Vorgaben zur Dokumentation bei der Gefährdungsbeurteilung erlauben einen gewissen Handlungsspielraum, da nur vorgegeben ist, dass eine angemessene Dokumentation zu erfolgen hat; die formelle Gestaltung der Dokumentation ist frei. Die Rechtssicherheit im Zuge der angemessenen Dokumentation der Gefährdungsbeurteilung wird explizit betont.

1.3 Weitere Verordnungen und Regelwerke

Die im Arbeitsschutzgesetz oder der DGUV Vorschrift 1 genannten Vorgaben zur Beurteilung der potentiellen Gefahren, denen die Beschäftigten möglicherweise bei der Arbeit ausgesetzt sind, werden in den nachfolgenden, beispielhaft für den Bereich der Feuerwehr oder des Rettungsdienstes genannten Verordnungen und Regelwerken erläutert:

- Arbeitsstättenverordnung (ArbStättV)
- Betriebssicherheitsverordnung (BetrSichV)
- Bildschirmarbeitsverordnung (BildscharbV)
- Biostoffverordnung (BioStoffV)
- Gefahrstoffverordnung (GefStoffV)
- Gesetz zum Schutz der erwerbstätigen Mütter (MuSchG)
- Verordnung zum Schutz der Mütter am Arbeitsplatz (MuSchArbV)
- Gesetz zum Schutz der arbeitenden Jugend (JArbSchG)

1 Rechtliche Grundlagen

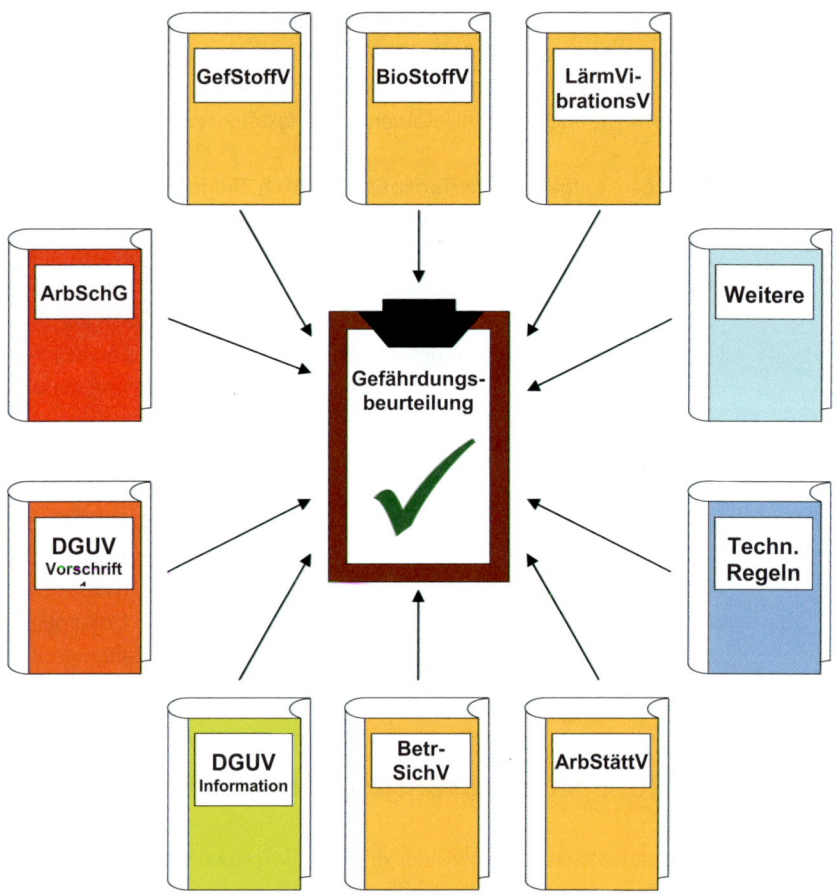

Bild 2: *Grundlagen für die Durchführung der Gefährdungsbeurteilung*

- Verordnung zum Schutz der Beschäftigten vor Gefährdungen durch Lärm und Vibration (LärmVibrationsArbSchV)
- Verordnung über Sicherheit und Gesundheitsschutz bei der manuellen Handhabung von Lasten bei der Arbeit (LasthandhabV)
- Verordnung zur Bereitstellung und Benutzung von Persönlicher Schutzausrüstung (PSA-BV)
- Technische Regeln

- Informationen der Unfallversicherungsträger (DGUV) und der Berufsgenossenschaften (BGW)

1.3.1 Arbeitsstättenverordnung (ArbStättV)

Gemäß § 3 ArbStättV hat der Arbeitgeber im Rahmen der Gefährdungsbeurteilung zu prüfen, ob für die Beschäftigten beim Einrichten und Betreiben z. B. von Feuerwachen/Gerätehäusern oder Rettungswachen möglicherweise Gefährdungen bestehen. In der Arbeitsstättenverordnung sind unter anderem Vorgaben zum Betrieb und zur Temperierung von Arbeitsräumen sowie deren Belüftung bzw. Beleuchtung oder den Sicherheitseinrichtungen formuliert. Bestehen Gefährdungen für die Beschäftigten, müssen diese Gefährdungen beurteilt und angemessene Maßnahmen für die Sicherheit und den Gesundheitsschutz der Beschäftigten ergriffen werden. Dabei ist darauf zu achten, dass durch die eingeleiteten Maßnahmen keine neuen Gefährdungen beispielsweise bei der Arbeitsorganisation oder den Arbeitsabläufen hervorgerufen werden.

Als Beispiel für die Regelungen im Sinn der ArbStättV sind der Nichtraucherschutz oder die Gestaltung von Bildschirmarbeitsplätzen zu nennen.

Die Durchführung der Gefährdungsbeurteilung schließt die angemessene Dokumentation ein.

1.3.2 Betriebssicherheitsverordnung (BetrSichV)

Die BetrSichV gilt für die Verwendung von Arbeitsmitteln, d. h. für die Verwendung unter anderem von feuerwehr- und medizintechnischen Geräten, Werkzeugen oder Maschinen (Fahrzeuge).

In Abschnitt 2 der Verordnung sind die Vorgaben zu der Gefährdungsbeurteilung und den Schutzmaßnahmen gemacht. Gemäß § 3 BetrSichV sind mögliche Gefährdungen im Rahmen einer Gefährdungsbeurteilung vor der Verwendung der Arbeitsmittel zu erfassen und zu bewerten. Bei der Gefährdungsbeurteilung liegt der Fokus auf der Benutzung der jeweiligen Arbeitsmittel, auf einer möglichen Wechselwirkung der Arbeitsmittel untereinander bzw. mit Arbeitsstoffen sowie der Arbeitsumgebung. In § 3 Abs. 3 wird hervorgehoben, dass die Gefährdungsbeurteilung vor der Beschaffung des jeweiligen Arbeitsmittels zu erfolgen hat. Der Arbeitgeber kann bei der Erstellung der Gefährdungsbeurteilung vorhandene Unterlagen wie Herstellerhinweise oder Betriebsanleitungen verwenden, sofern sich diese Unterlagen auf

1 Rechtliche Grundlagen

die bei der Feuerwehr oder dem Rettungsdienst eingesetzten Arbeitsmittel beziehen. Die Gefährdungsbeurteilung muss im Zuge eines dynamischen Revisionsverfahrens in regelmäßigen Abständen überprüft werden.

Das Ergebnis der Gefährdungsbeurteilung, die eingeleiteten Schutzmaßnahmen und die Frist von Revisionszeiten sind entsprechend zu dokumentieren.

1.3.3 Bildschirmarbeitsverordnung (BildscharbV)

Die Bildschirmarbeitsverordnung hat Gültigkeit für Bildschirmarbeitsplätze beispielsweise in der Verwaltung oder der Leitstelle der Feuerwehr bzw. des Rettungsdienstes. Demnach liegt ein Bildschirmarbeitsplatz vor, wenn ein Arbeitsmittel (PC mit Monitor und Tastatur) vorhanden ist, das zur Erfassung und Bearbeitung mehrzeiliger Daten dient. Den Beschäftigten wird zur Erfüllung der Aufgaben eine bestimmte Ver- oder Bearbeitungssoftware zur Verfügung gestellt, die jedoch nicht unmittelbar für das Funktionieren des Arbeitsmittels eingesetzt wird. Zu den Bildschirmgeräten zählen auch Notebooks oder Laptops. In der BildscharbV sind jedoch keine konkreten Schutzmaßnahmen, sondern nur allgemeine Schutzziele formuliert, was eine flexible Anpassung ermöglicht.

Im Zusammenhang mit der Bildschirmarbeit liegt bei der Informationsverarbeitung eine hohe Beanspruchung der Augen vor. Zudem ist die Bildschirmarbeit mit langem Sitzen ohne Ausgleichsbewegungen verbunden. Im Zuge der Gefährdungsbeurteilung hat der Arbeitgeber gemäß § 3 BildscharbV mögliche Gefährdungen des Sehvermögens aber auch die körperlichen sowie die psychischen Belastungen zu erfassen und zu beurteilen. Die Grundsätze der Ergonomie sind insbesondere bei der Informationsverarbeitung (Einsatz von Software) zu berücksichtigen.

1.3.4 Biostoffverordnung (BioStoffV)

Die Beschäftigten der Feuerwehren oder der Rettungsdienste können im Zusammenhang mit den von ihnen ausgeübten Tätigkeiten in der rettungsdienstlichen Versorgung in Kontakt mit biologischen Arbeitsstoffen kommen. Bei diesen biologischen Arbeitsstoffen kann es sich um Krankheitserreger oder um Mikroorganismen handeln, die Infektionen oder sensibilisierende bzw. toxische Wirkungen verursachen. Die Tätigkeiten von Beschäftigten mit biologischen Arbeitsstoffen sind in der Biostoffverordnung geregelt.

Gemäß § 4 BioStoffV muss der Arbeitgeber auf der Grundlage der von ihm beschafften Informationen, bevor die Beschäftigten die Tätigkeit mit Biologischen Arbeitsstoffen aufnehmen, die Gefährdungsbeurteilung durchführen. Die Informationsbeschaffung schließt den Stand der Technik, der in der TRBA beschrieben ist, ein. Für den Rettungsdienst findet unter anderem die TRBA 250 Anwendung. Die Informationsbeschaffung umfasst auch die Identifizierung der Biologischen Arbeitsstoffe sowie deren Eigenschaften, die bei Tätigkeiten im Rettungsdienst vorkommen können.

In Abhängigkeit von den Biologischen Arbeitsstoffen fällt die Gefährdung für die Beschäftigten unterschiedlich aus. Daher werden die Biologischen Arbeitsstoffe in Risikogruppen eingeteilt. Den Risikogruppen sind verschiedene Schutzstufen zugeordnet, so dass für die Tätigkeiten mit Biologischen Arbeitsstoffen im Rahmen der Gefährdungsbeurteilung konkrete Schutzmaßnahmen zugeordnet werden können.

Die Durchführung der Gefährdungsbeurteilung liegt in der Verantwortung des Arbeitgebers, der diese fachkundig durchzuführen hat. Verfügt der Arbeitgeber nicht über die erforderlichen Kenntnisse, muss er eine fachkundige Beratung sicherstellen. Die fachkundige Beratung kann durch Fachkräfte für Arbeitsschutz oder Arbeitsmediziner geleistet werden, da sie in vielen Arbeitsbereichen über die notwendigen fachlichen Voraussetzungen verfügen.

1.3.5 Gefahrstoffverordnung (GefStoffV)

Die Gefahrstoffverordnung hat zum Ziel, sowohl den Menschen als auch die Umwelt vor Schädigungen durch Gefahrstoffe zu schützen. Gemäß § 6 GefStoffV hat der Arbeitgeber im Rahmen einer Gefährdungsbeurteilung festzustellen, ob eine Tätigkeit der Beschäftigten mit Gefahrstoffen vorliegt, oder ob bei Tätigkeiten der Beschäftigten Gefahrstoffe freigesetzt werden können. In § 6 werden dezidierte Vorgaben zur Erstellung von Gefährdungsbeurteilungen und Angaben zur zumutbaren Beschaffung von Informationen, der Beurteilung von möglichen Gefährdungen bis hin zur Dokumentation gemacht.

Die Gefahrstoffverordnung hat im Bereich der Feuerwehr oder des Rettungsdienstes Bedeutung, wenn dort z. B. Werkstätten betrieben werden, in denen Gefahrstoffe (Reiniger, Lacke, Kleber, Kraftstoffe etc.) zum Einsatz kommen; entsprechend gilt das auch für die Verwendung von Konzentraten von Desinfektionsmitteln.

1 Rechtliche Grundlagen

1.3.6 Mutterschutzgesetz (MuSchG)

Das Gesetz zum Schutz der erwerbstätigen Mütter (Mutterschutzgesetz – MuSchG) dient dem Gesundheitsschutz der Mutter und ihres Kindes. Es enthält zwingende Schutzbestimmungen auf deren Grundlage die Gestaltung der Arbeitsplätze sowie die Beschäftigung von Frauen während der Schwangerschaft und in der Stillzeit geregelt sind. Frauen dürfen in dieser Zeit keine Tätigkeiten ausüben, von denen eine potentielle Gefährdung von Mutter und Kind ausgeht. In den Unterabschnitten 1 und 2 des Abschnitts 2 MuSchG sind Vorgaben zum arbeitszeitlichen (§§ 3 – 8) und zum betrieblichen (§§ 9 – 18) Gesundheitsschutz formuliert. Auf der Grundlage des § 10 MuSchG sowie unter Beachtung der Verordnung zum Schutz der Mütter am Arbeitsplatz (MuSchArbV) hat der Arbeitgeber die jeweiligen Arbeitsplätze im Rahmen einer Gefährdungsbeurteilung zu untersuchen. Die Ergebnisse der Gefährdungsbeurteilung und ggf. die notwendigen Schutzmaßnahmen dagegen sind entsprechend zu dokumentieren.

1.3.7 Verordnung zum Schutz der Mütter am Arbeitsplatz (MuSchArbV)

Der Arbeitgeber muss gemäß § 1 der Verordnung zum Schutz der Mütter am Arbeitsplatz (MuSchArbV) zeitnah jede Tätigkeit, die zu einer Gefährdung der werdenden oder stillenden Mutter führen kann, in Bezug auf die Art, das Ausmaß und die Dauer einer möglichen Gefährdung überprüfen. Kommt der Arbeitgeber auf der Grundlage der Gefährdungsbeurteilung zu der Erkenntnis, dass eine Gefährdung der werdenden oder stillenden Mutter besteht, hat er die erforderlichen und geeigneten Schutzmaßnahmen zu ergreifen. Das kann die Veränderung von Arbeitsbedingungen, von Arbeitszeiten, aber auch den Wechsel des Arbeitsplatzes zur Konsequenz haben. Sofern eine Umsetzung der Maßnahmen nicht möglich oder nicht zumutbar ist, kann das bedeuten, dass die werdende/stillende Mutter in dieser Zeit nicht beschäftigt werden darf.

1.3.8 Gesetz zum Schutz der arbeitenden Jugend (JArbSchG)

Das Jugendarbeitsschutzgesetz (JArbSchG) findet Anwendung bei Personen unter 18 Jahren. Das JArbSchG ist in sechs Abschnitte gegliedert. Der erste Abschnitt (§§ 1–4) hat die allgemeinen Vorschriften zum Inhalt. Gemäß § 2 wird im Rahmen der begrifflichen Definition zwischen Kindern – bis 15 Jahre und Jugendlichen – 15 bis 18 Jahre – unterschieden. Im zweiten und dritten Abschnitt (§§ 5 bis 31) sind die Bedingungen für die Beschäftigung von Kindern und Jugendlichen formuliert.

Gemäß §§ 28 und 28 a JArbSchG muss der Arbeitgeber vor Beginn der Beschäftigung von Jugendlichen eine Beurteilung der mit einer Beschäftigung verbundenen mögliche Gefährdungen vornehmen. Das beinhaltet auch die Arbeitsbedingungen, wenn es zu wesentlichen Änderungen kommt. Hierbei ist dem Umstand der mangelnden Erfahrung und dem Entwicklungsstand der Jugendlichen in besonderer Art und Weise entsprechend Rechnung zu tragen.

1.3.9 Verordnung zum Schutz der Beschäftigten vor Gefährdungen durch Lärm und Vibrationen (LärmVibrationsArbSchV)

Mit der LärmVibrationsArbSchV wird das Ziel verfolgt, die Gesundheit der Beschäftigten unter anderem vor Gefährdungen durch Lärm bei der Arbeit zu schützen. Gemäß § 3 der Verordnung hat der Arbeitgeber grundsätzlich zu prüfen, ob die Beschäftigten einer physikalischen Gefährdung (Lärm) ausgesetzt sind. Kommt der Arbeitgeber zu dem Schluss, dass dies der Fall ist, hat er im Rahmen der Gefährdungsbeurteilung, diese Gefährdung zu bewerten und geeignete Maßnahmen zur Vermeidung oder zur Verringerung zu treffen. Bei den Maßnahmen müssen ggf. Wechselwirkungen zu Warnsignalen berücksichtigt werden. Die Ergebnisse der Gefährdungsbeurteilung sind angemessen zu dokumentieren.

Mit einer Belastung durch Lärm ist beispielsweise in den Fahrerräumen der Fahrzeuge bei schlechter Entkopplung der Sondersignalanlage, an Einsatzstellen beim Betrieb von Kettensägen oder Lüftern oder in der Atemschutzwerkstatt beim Testen der Signalpfeife oder defekten Dichtungen zu rechnen.

1.3.10 Verordnung zur Bereitstellung und Benutzung von Persönlicher Schutzausrüstung (PSA – BV)

In der PSA – BV ist die Bereitstellung von Persönlicher Schutzausrüstung durch den Arbeitgeber und deren Benutzung durch die Beschäftigten geregelt. Demnach fungiert die PSA zum Schutz der Gesundheit und zur Sicherheit der Beschäftigten vor den Gefährdungen bei der Arbeit. Gemäß § 2 der PSA – BV hat der Arbeitgeber in Bezug auf die Beschaffung, die Instandsetzung, die Wartung, die Lagerung und die Einhaltung der Hygiene besondere Anforderungen zu erfüllen. Es wird zwar klar-

1 Rechtliche Grundlagen

gestellt, dass die PSA – BV nicht für die Katastrophenschutzbehörden und den Rettungsdienst im Einsatzfall gilt, dennoch hat sie ihre Gültigkeit für die Arbeit in den jeweiligen Werkstätten.

1.3.11 Verordnung über Sicherheit und Gesundheitsschutz bei der manuellen Handhabung von Lasten bei der Arbeit (Lastenhandhabungsverordnung – LasthandhabV)

Die Lastenhandhabungsverordnung verfolgt das Ziel, die Gefährdung der Sicherheit und der Gesundheit beim Heben und Tragen von Lasten zu reduzieren. Die Verordnung gilt für alle Beschäftigten, die durch Einsatz von Muskelkraft Lasten manuell handhaben. Auf der Grundlage des § 2 LasthandhabV hat der Arbeitgeber die Arbeitsbedingungen zu beurteilen und geeignete Maßnahmen zum Schutz der Sicherheit und der Gesundheit der Beschäftigten zu treffen. In § 1 ist hervorgehoben, dass die Verordnung für Zivil- und Katastrophenschutzdienste (Feuerwehr und Rettungsdienst) nicht gilt, wenn die öffentliche Sicherheit aufrecht zu erhalten bzw. wiederherzustellen ist. Davon kann während des regulären Dienstbetriebs nicht die Rede sein, so dass zu unterstellen ist, dass die Verordnung außerhalb einer Störung der öffentlichen Sicherheit auch für die Beschäftigten bei der Feuerwehr und im Rettungsdienst Gültigkeit hat.

1.3.12 Technische Regeln

Die folgenden Technischen Regeln enthalten konkrete Hinweise zur Durchführung von Gefährdungsbeurteilungen. Die Technischen Regeln besitzen keinen rechtlichen Charakter.

- **Technische Regeln für Biologische Arbeitsstoffe (TRBA)**
  TRBA 250, Biologische Arbeitsstoffe im Gesundheitswesen und in der Wohlfahrtspflege
- **Technische Regeln für Betriebssicherheit (TRBS)**
  TRBS 1111, Gefährdungsbeurteilung und sicherheitstechnische Bewertung
- **Technische Regeln für Gefahrstoffe (TRGS)**
  TRGS 400, Gefährdungsbeurteilung für Tätigkeiten mit Gefahrstoffen
  TRGS 554, Abgase von Dieselmotoren

Bei Technischen Regeln handelt es sich um Konkretisierungen (Empfehlungen oder Vorschläge) zur Umsetzung z. B. der entsprechenden Verordnungen. Technische Regeln haben im Gegensatz zu den Verordnungen keinen rechtlich bindenden Charakter. Man kann grundsätzlich davon ausgehen, dass die Einhaltung der Empfehlungen der Technischen Regeln den aktuellen Stand der Technik und die gesicherten arbeitswissenschaftlichen Erkenntnisse widerspiegelt. Das bedeutet, dass der Leiter der Feuerwehr/der Feuerwehrkommandant oder der verantwortliche Leiter der Rettungsdienstorganisation bei deren Einhaltung davon ausgehen kann, gesetzeskonform zu handeln. Da die Technischen Regeln keinen Gesetzescharakter haben, kann von den dort formulierten Vorgaben auch abgewichen werden. Das kann aber im Fall eines Arbeitsunfalls bedeuten, dass der für den Arbeitsschutz verantwortliche Leiter nachweisen muss, dass die festgelegten Maßnahmen die Vorgaben im Arbeitsschutz erfüllen.

1.3.13 Informationen der Unfallversicherungsträger und der Berufsgenossenschaften

Die Deutsche Gesetzliche Unfallversicherung (DGUV) sowie die Berufsgenossenschaften bieten umfangreiche Informationen und Unterlagen, die für eine Gefährdungsbeurteilung innerhalb der Feuerwehr oder im Rettungsdienst relevant sind. Unter anderem können folgende Beispiele genannt werden:
- DGUV Information 205-021 (Leitfaden zur Erstellung einer Gefährdungsbeurteilung im Feuerwehrdienst)
- Gefährdungsbeurteilung in der Pflege, BGW
- Gefährdungsbeurteilung in Kliniken, BGW

Die Vorschriften der DGUV nehmen einen analogen Stellenwert ein wie die staatlichen Verordnungen im Arbeitsschutz. Die Regeln, Informationen oder Grundsätze der DGUV entsprechen von ihrem Stellenwert den Verwaltungsvorschriften, den Regeln der Technik bzw. den gesicherten wissenschaftlichen Erkenntnissen. Die DGUV Regeln ergänzen bzw. konkretisieren die eher abstrakten DGUV Vorschriften. Die DGUV Informationen weisen einen sehr hohen Praxisbezug auf und sind besonders bei der Umsetzung von Vorgaben des Arbeitsschutzes eine gute Hilfe. Die DGUV Grundsätze sind beispielsweise eher bei der Regelung der Prüfung von Arbeitsmitteln (Vorgaben zur Einhaltung von Fristen) von Bedeutung.

Die DGUV Informationen beinhalten Empfehlungen und Anleitungen, in welcher Art und Weise die Vorschriften, z. B. DGUV Vorschrift 1 (Grundsätze der Prävention)

1 Rechtliche Grundlagen

praktisch umgesetzt werden können oder sollen. Die DGUV Regel 100-001 ist das Kompendium der DGUV Vorschrift 1 und liefert die Erläuterungen zu den Grundsätzen der Prävention. Die DGUV Informationen sind besonders für den Arbeitgeber als Anleitung gedacht, die Vorgaben der Vorschriften des staatlichen Arbeitsschutzes zu realisieren.

Die DGUV Information 205-021 ist seitens der Unfallversicherungsträger eine Hilfestellung für den Arbeitgeber bei der Durchführung bzw. Erstellung einer Gefährdungsbeurteilung bei der Feuerwehr. Hier werden neben den Grundlagen zur Durchführung einer Gefährdungsbeurteilung auch die einzelnen Schritte im Rahmen einer Gefährdungsbeurteilung erläutert.

Mit Blick auf den Rettungsdienst bietet die Berufsgenossenschaft für Gesundheit und Wohlfahrtspflege mit den Handlungsleitfäden »Gefährdungsbeurteilung in der Pflege« (BGW 04-05-110) und »Gefährdungsbeurteilung in Kliniken« (BGW 04-05-050) eine Hilfestellung bei der praktischen Umsetzung der Vorgaben gemäß dem Arbeitsschutzgesetz.

2 Arbeitsschutzorganisation und Gefährdungsbeurteilung

Die Gefährdungsbeurteilung geht mit der systematischen Ermittlung aller potentiellen Gefährdungen, mit denen die Beschäftigten bei der Arbeit konfrontiert werden, und deren Bewertung einher. Dennoch darf die Gefährdungsbeurteilung nicht als Synonym für die grundsätzliche Organisation des sicheren Arbeitsschutzes verwendet werden.

Sowohl im Arbeitsschutzgesetz wie auch in der DGUV Vorschrift 1 wird zweifelsfrei zwischen den Grundpflichten des Arbeitgebers (§ 3 ArbSchG, § 2 DGUV Vorschrift 1) im Rahmen der Organisation des Arbeitsschutzes und der Beurteilung der Arbeitsbedingungen (§ 5 ArbSchG, § 3 DGUV Vorschrift 1) unterschieden. Das bedeutet, dass der Arbeitgeber alle notwendigen organisatorischen Maßnahmen vorzunehmen hat, um die Sicherheit und die Gesundheit der Beschäftigten zu gewährleisten. Die Organisation beinhaltet u. a. die Bereitstellung von entsprechen-

Bild 3: Bausteine eines Arbeitsschutzmanagementsystems

2 Arbeitsschutzorganisation und Gefährdungsbeurteilung

den Ressourcen, d. h. die Ausstattung mit Sachmitteln, Finanzmitteln und Personal wie auch die Schaffung von betrieblichen Strukturen.

Sowohl die Rechtsnormen des staatlichen Arbeitsschutzes als auch die Vorgaben der Unfallversicherungen räumen dem Arbeitgeber sehr große Gestaltungsspielräume ein. Um die Vorgaben im Arbeitsschutz umfassend und systematisch innerbetrieblich abzubilden, ist es empfehlenswert, ein Arbeitsschutzmanagementsystem (Zimmermann, 2016) einzuführen und den Arbeitsschutz in geeigneter Weise in die betrieblichen Abläufe zu integrieren, die beispielsweise die in Bild 3 dargestellten Bausteine umfasst.

Gemäß § 5 ArbSchG bzw. § 3 DGUV Vorschrift 1 hat der Arbeitgeber die Pflicht, alle Gefährdungen durch die Arbeit zu untersuchen bzw. zu analysieren und die geeigneten Maßnahmen zu ergreifen. Um die erforderlichen und wirksamen Maßnahmen herauszuarbeiten, ist es erforderlich, Gefährdungsbeurteilungen durchzuführen. Die Gefährdungsbeurteilung dient also der systematischen Erfassung der potentiellen Gefährdungen und der Bewertung der Risiken. Aus dieser Bewertung leitet sich auch die Rangfolge der durchzuführenden Maßnahmen ab. Das bedeutet, dass die Organisation des betrieblichen Arbeitsschutzes auf den Ergebnissen der Gefährdungsbeurteilung aufbaut. Nur erkannte Gefährdungen können durch entsprechende betriebliche Verbesserungen gänzlich abgestellt oder zumindest auf ein noch zu tolerierendes Maß reduziert werden. Die Gefährdungsbeurteilung ist ein

Bild 4: *Die Gefährdungsbeurteilung als Teil der betrieblichen Organisation des Arbeitsschutzes*

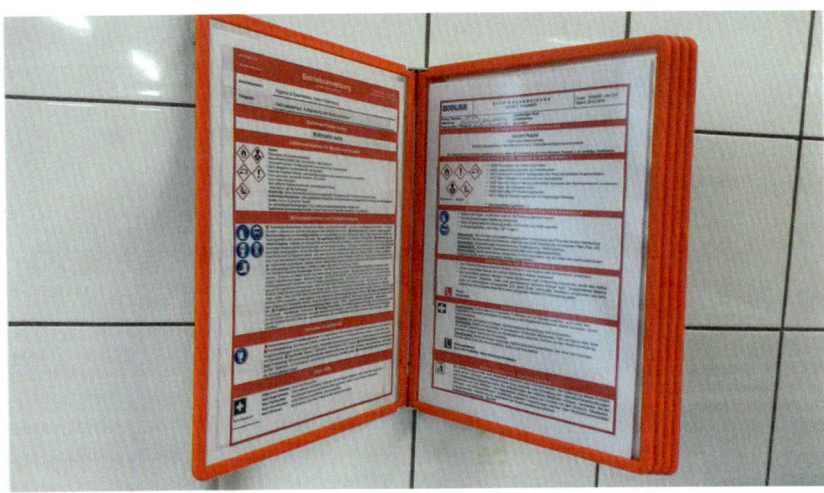

Bild 5: *Ausformulierte und ausgehängte Betriebsanweisung*

Bestandteil des betrieblichen Arbeitsschutzes (Bild 4). Die aus der Gefährdungsbeurteilung abgeleiteten Maßnahmen müssen auf ihre Wirksamkeit hin überprüft werden. Dabei ist darauf zu achten, dass sich aus den Maßnahmen nicht neue Gefährdungen ergeben.

Zu einem systematischen Arbeitsschutz bei Feuerwehr und Rettungsdienst gehört neben der Erfüllung der gesetzlichen Forderungen zur Erstellung von Gefährdungsbeurteilungen auch die Durchführung der darauf basierenden Unterweisungen inklusive der vorgeschriebenen Dokumentation. Dementsprechend müssen Betriebsanweisungen formuliert, notwendige organisatorische Strukturen aufgebaut sowie die die jeweiligen Prozesse kontinuierlich überwacht und verbessert werden. Als Beispiele sei hier das Prüfmanagement von Arbeitsmitteln wie Schneid-/Spreizgeräten, Leitern und Anschlagmitteln genannt.

3 Ziel und Zweck der Gefährdungsbeurteilung

Im Arbeitsschutz geht es nicht nur um die Verhütung von Arbeits- und Dienstunfällen oder das Verhindern von bestimmten Schadensereignissen. Durch die getroffenen Maßnahmen sollen z. B. Arbeitsabläufe oder Arbeitsplätze sicher gestaltet werden bzw. nur bestimmte Arbeitsmittel zum Einsatz kommen, um potentielle Gefährdungen als Ursache für Arbeits- und Dienstunfälle auszuschließen.

> Wenn man als Verantwortlicher bei der Feuerwehr oder im Rettungsdienst dazu beitragen will, dass Gefährdungen vermieden werden, muss man zumindest die Gefährdungen (er)kennen. Die Gefährdungsbeurteilung ist hierfür ein geeignetes Mittel und wesentlicher Bestandteil des Arbeitsschutzes.

Als grundsätzliches Ziel einer jeden Gefährdungsbeurteilung stehen die frühzeitige Erkennung von Gefährdungen sowie im präventiven Bereich die Verhütung von Unfällen und die Vermeidung von Gefahren für die Gesundheit der Beschäftigten bei der Feuerwehr und im Rettungsdienst sowie die menschengerechte Gestaltung der Arbeit im Fokus. Für den Bereich der Feuerwehr oder des Rettungsdienstes bedeutet das, dass potentielle Gefährdungen der Beschäftigten bei der täglichen Arbeit systematisch aufgespürt und analysiert werden. Aus der Bewertung der Gefährdungen werden fundierte Entscheidungen über geeignete Maßnahmen zur Beseitigung oder zumindest zur Reduzierung abgeleitet bzw. umgesetzt. Zu den Maßnahmen können die Vermeidung von Gefährdungen, die Bereitstellung von Informationen an die Beschäftigten der Feuerwehr und des Rettungsdienstes oder die Fortbildung der Beschäftigten zählen.

Die Gefährdungsbeurteilung dient dem Zweck, relevante Informationen und Indizien über erforderliche technische, organisatorische oder persönliche Maßnahmen zu gewinnen und diese festzuhalten. Auf der Basis der Gefährdungsbeurteilung lassen sich die Kriterien für die gesetzlich festgelegten Erst- oder Wiederholungsunterweisungen schlussfolgern. Bei gleichartigen Arbeitsabläufen, Arbeitsbedingungen oder Arbeitsmitteln ist die Beurteilung z. B. eines Arbeitsmittels oder eines Arbeitsplatzes bzw. einer Tätigkeit als ausreichend anzusehen.

Nicht immer kann das Ziel, die Vermeidung von Gefährdungen, erreicht oder in die Praxis umgesetzt werden. Sind die Gefahren nicht umfänglich zu beseitigen und damit die Gefährdungen nicht auszuschließen, ist es die Aufgabe der Verantwortlichen, die Gefahren in einem angemessenen Umfang zu reduzieren und die verbleibenden Gefahren weitestgehend zu kontrollieren.

Mit planvoll und zweckmäßig angewendeten und durchgeführten Gefährdungsbeurteilungen ist es möglich, Ausfallzeiten und Erkrankungen von Beschäftigten bei der Feuerwehr oder im Rettungsdienst zu vermeiden oder zumindest zu verringern sowie Störungen des täglichen Dienstbetriebs zu umgehen. Hierbei geht es nicht um das formale Ausfüllen eines Formulars für die Dokumentation der Gefährdungsbeurteilung, damit den rechtlichen Vorgaben entsprochen wird. Die planvolle und zweckmäßige Durchführung kann vielmehr dazu genutzt werden, im Rahmen eines sogenannten »Betriebschecks« die Stärken und Schwächen herauszuarbeiten und damit den Arbeits- und Gesundheitsschutz bei der Feuerwehr oder im Rettungsdienst erheblich zu verbessern.

4 Aufgaben und Verantwortung im Arbeitsschutz

4.1 Allgemein

Auf der Grundlage der vorstehend dargestellten, rechtlichen Rahmenbedingungen ist der Arbeitgeber verpflichtet, die Vorgaben im Arbeitsschutz eigenverantwortlich umzusetzen.

Sowohl die Rechtsnormen des staatlichen Arbeitsschutzes (§ 3 ArbSchG) als auch die Vorgaben der Unfallversicherungsträger (§ 2 DGUV Vorschrift 1) stellen die Pflichten des Arbeitgebers/des Unternehmers im Arbeitsschutz heraus. In besonderer Weise wird die Gewährleistung der Arbeitssicherheit und des Gesundheitsschutzes hervorgehoben.

4.2 Der Arbeitgeber

In § 3 Arbeitsschutzgesetz ist zweifelsfrei ausgeführt, dass der Arbeitgeber für den Bereich des Arbeitsschutzes alle erforderlichen Maßnahmen, Mittel und Methoden zum Schutz der Beschäftigten vor Gefährdungen der Sicherheit und der Gesundheit während der Arbeit zu treffen hat. In § 2 der DGUV Vorschrift 1 ist mit einem analogen Wortlaut der Unternehmer angesprochen.

Auf der Grundlage des § 14 des Bürgerlichen Gesetzbuches (BGB) ist ein Unternehmer eine natürliche oder juristische Person bzw. eine rechtsfähige Personengesellschaft, die alleine oder gemeinsam ein Unternehmen, also eine wirtschaftlich selbständige Einheit, betreibt. Aus betriebswirtschaftlicher Sicht ist der Arbeitgeber eine natürliche Person oder juristische Person des privaten oder öffentlichen Rechts sowie als Personenhandelsgesellschaft definiert (Winter, 2013). Man kann also zu dem Schluss kommen, dass die Begriffe »Arbeitgeber« und »Unternehmer« im Arbeitsschutz als gleichbedeutend zu verstehen sind.

Die Prävention steht als Leitgedanke im Arbeitsschutz ganz oben. Das bedeutet, dass der Arbeitgeber dem Entstehen von möglichen Gefahren für die Beschäftigten und dem Eintreten von Arbeitsunfällen angemessen zu begegnen hat (ArbSchG). Demnach hat der Arbeitgeber die aktuelle Situation zu untersuchen und die angemessenen Schritte bzw. Maßnahmen zur Einhaltung der Sicherheit und Gesundheit der Beschäftigten einzuleiten.

4.3 Pflichtenübertragung

Zudem trägt der Arbeitgeber mit der Begründung eines Arbeitsverhältnisses im Rahmen der Fürsorgepflicht die Verantwortung für die Sicherheit und Gesundheit der Beschäftigten (§ 618 BGB, Pflichten zu Schutzmaßnahmen).

Unmittelbar verantwortlich für den Arbeitsschutz ist also demnach der Arbeitgeber bzw. der Unternehmer. Überträgt man das auf die Landkreise, die Städte und Gemeinden, so sind das die Landräte und die (Ober-)Bürgermeister (Zimmermann & Tittmann, 2016; Unfallkasse Baden-Württemberg, 2012).

4.3 Pflichtenübertragung

Der Landrat bzw. der (Ober-)Bürgermeister oder der Geschäftsführer in der Funktion des Arbeitgebers/Unternehmers ist aufgrund der umfänglichen Aufgaben im Arbeitsschutz nicht in der Lage, alle rechtlichen Vorgaben im Arbeitsschutz persönlich zu erfüllen. Hier besteht jedoch im Zuge des dualen Arbeitsschutzsystems gemäß § 13 ArbSchG und auf der Grundlage des § 13 DGUV Vorschrift 1 die Möglichkeit, die Unternehmerpflichten im Arbeitsschutz auf zuverlässige und fachkundige Personen zu übertragen.

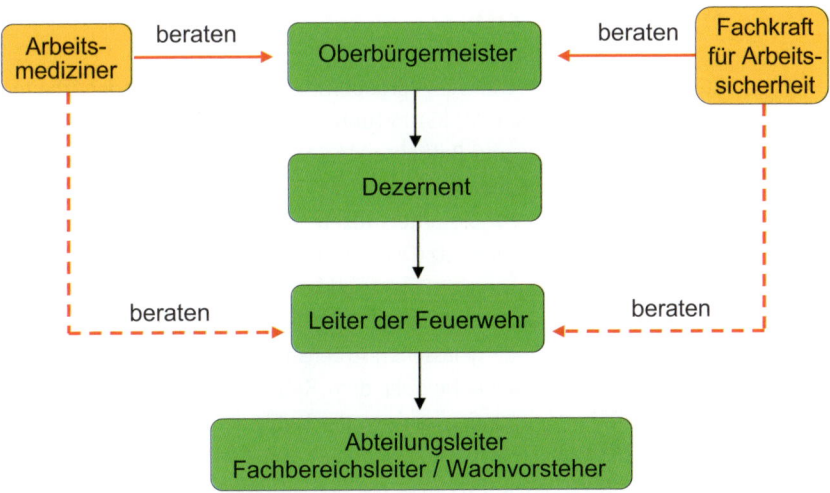

Bild 6: *Pflichtenübertragung am Beispiel einer kreisfreien Stadt mit Berufsfeuerwehr und Rettungsdienst*

Das bedeutet, dass die Person, auf die Arbeitgeber-/Unternehmerpflichten übertragen werden, nicht nur die Aufgaben übernimmt, sondern auch mit den entsprechenden Befugnissen und Kompetenzen ausgestattet sein muss. Sie können die Aufgaben des Arbeitsschutzes im Rahmen der Aufbau- und Ablauforganisation unter Berücksichtigung der Hierarchiestufen, wie in Bild 6 gezeigt ist, auf die jeweiligen Mitarbeiter übertragen. Für die grundsätzlichen Pflichten im Arbeitsschutz bleibt der Landrat bzw. der (Ober-)Bürgermeister verantwortlich. Für den Rettungsdienst stehen die jeweiligen Geschäftsführer in der Pflicht, die Vorgaben im Arbeitsschutz entsprechend umzusetzen.

Im Fall einer kommunalen Feuerwehr werden dem Leiter der Feuerwehr/dem Feuerwehrkommandanten entsprechend der kommunalen Führungshierarchie die Pflichten im Arbeitsschutz übertragen. Für Pflichtverletzungen im Arbeitsschutz kann demnach der Leiter der Feuerwehr/der Feuerwehrkommandant zur Verantwortung gezogen werden. Hierbei ist es nicht notwendig, die Pflichtenübertragung schriftlich zu formulieren. Ist die Schriftform nicht eingehalten, bedeutet das nicht, dass die Pflichtenübertragung unwirksam ist (§ 9 OWiG, »Handeln für einen Dritten«). Überträgt der Landrat/der (Ober-)Bürgermeister die Pflichten nicht rechtswirksam, verbleibt die Verantwortung umfänglich bei ihm.

4.4 Fachkraft für Arbeitssicherheit und Arbeitsmediziner

Zur Umsetzung der rechtlichen Vorgaben im Arbeitsschutz hat der Arbeitgeber gemäß Arbeitssicherheitsgesetz (ASiG) und unter Bezug auf die DGUV Vorschrift 2 Fachkräfte für Arbeitssicherheit und Betriebsärzte (Arbeitsmediziner) zu bestellen. Den Fachkräften für Arbeitssicherheit wie auch den Betriebsärzten kommt eine ausschließlich beratende Funktion zu. Sie unterstützen den Arbeitgeber bei der Umsetzung von Maßnahmen im Arbeitsschutz (DGUV Vorschrift 2; Wienholf, 2005). In vielen kleinen Kommunen oder Rettungsdiensten sind keine eigenen Fachkräfte für Arbeitssicherheit oder Betriebsärzte beschäftigt. Hier ist es sinnvoll mit externen Sicherheitsingenieuren oder niedergelassenen Arbeitsmedizinern zusammen zu arbeiten.

Sollte bei der Feuerwehr oder dem Rettungsdienst selbst keine Fachkraft für Arbeitssicherheit vorhanden sein, ist der Leiter der Feuerwehr/der Feuerwehrkommandant bzw. der Verantwortliche im Rettungsdienst verpflichtet, sich angemessen unterstützen zu lassen. Das kann auf der Grundlage des Arbeitssicherheitsgesetzes (ASiG) durch die vom Arbeitgeber bestellte Fachkraft für Arbeitssicherheit oder den Arbeitsmediziner geleistet werden.

Für die Durchführung von Gefährdungsbeurteilungen bei der Feuerwehr oder dem Rettungsdienst ist weder die Fachkraft für Arbeitssicherheit noch der Arbeitsmediziner verantwortlich. Der Fachkraft für Arbeitssicherheit oder dem Arbeitsmediziner kommt – wie oben bereits ausgeführt – ausschließlich beratende Funktion zu. Aufgrund ihrer Ausbildung und fachspezifischen Kenntnisse ist die Fachkraft für Arbeitssicherheit und der Arbeitsmediziner als Unterstützung bei der Erstellung von Gefährdungsbeurteilungen jedoch von besonderer Bedeutung.

4.5 Führungskräfte

Durch die Bestellung zum Leiter der Feuerwehr bzw. Feuerwehrkommandanten oder zum Geschäftsführer sind die Zuständigkeit und die Verantwortung für die Einhaltung der rechtlichen Vorgaben im Arbeitsschutz übertragen (§ 13 ArbSchG). Die Übernahme der Verantwortung im Ganzen bzw. in Teilen oder einzelner Pflichten im Arbeitsschutz erfolgt grundsätzlich durch Anweisung des Arbeitgebers, durch die tatsächlichen Umstände oder aus der Übernahme einer bestimmten Funktion (Führungsfunktion eines Vorgesetzten). Die Übernahme von Führungsaufgaben und die Befugnis zur Erteilung von Anweisungen im eigenen Verantwortungsbereich ist mit der Zuständigkeit (§ 13 DGUV Vorschrift 1) für die Aufgaben im Arbeitsschutz verbunden. Das beinhaltet, dass der Leiter der Feuerwehr/der Feuerwehrkommandant bzw. der Geschäftsführer auch für die Durchführung von Gefährdungsbeurteilungen verantwortlich ist.

In seinem Verantwortungsbereich kann der Leiter der Feuerwehr/der Feuerwehrkommandant bzw. der Verantwortliche im Rettungsdienst mit Bezug auf die Organisationsstruktur (Organigramm) bzw. den jeweiligen Geschäftsverteilungsplan/die Stellenbeschreibung Pflichten im Arbeitsschutz (vgl. Bild 7) auf die ihm nach geordneten Führungskräfte übertragen. Die Tabelle 1 gibt eine Auswahl von Aufgaben/Pflichten im Arbeitsschutz mit Bezug auf die Gefährdungsbeurteilung wieder.

Der Leiter der Feuerwehr/der Feuerwehrkommandant bzw. der Verantwortliche im Rettungsdienst und die Abteilungs- bzw. Fachbereichsleiter bilden die oberste bzw. obere Führungsebene. Hier werden u. a. die Ziele im Arbeitsschutz in Form von Leitzielen vorgegeben. Den Führungskräften der obersten bzw. oberen Führungsebene fällt auch die Bewirtschaftung der Ressourcen im Arbeitsschutz zu. Sie haben die Aufsicht über die unterstellten Führungskräfte. Zu den weiteren Aufgaben zählt auch die Durchführung von Gefährdungsbeurteilungen.

4 Aufgaben und Verantwortung im Arbeitsschutz

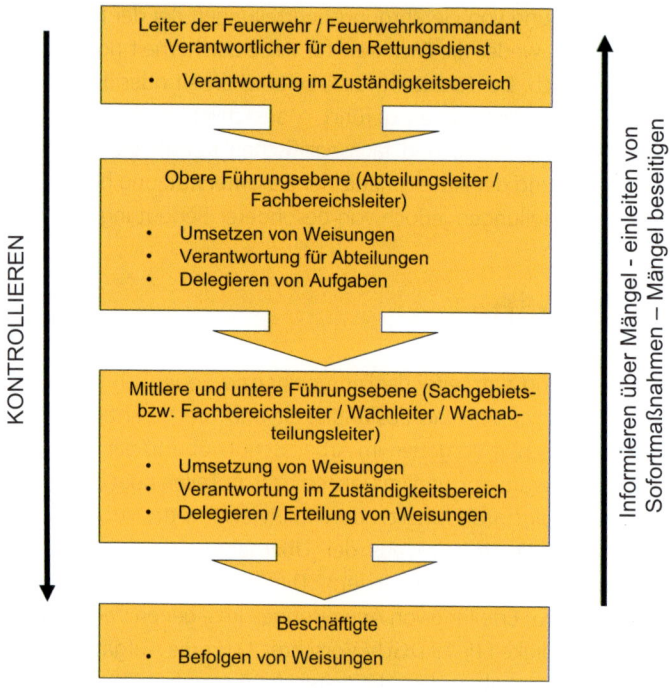

Bild 7: *Verantwortung beim Delegieren von Pflichten*

Tabelle 1: *Aufgabenüberblick*

Aufgabenüberblick:	
oberste/obere Führungsebene	<ul><li>Formulieren der Ziele (Leitziele) im Arbeitsschutz</li><li>Bewirtschaftung der Ressourcen im Arbeitsschutz</li><li>Ausüben der Kontrollfunktion</li><li>Umsetzung von Weisungen</li><li>Delegieren von Aufgaben</li><li>Durchführen von Gefährdungsbeurteilungen</li><li>Maßnahmen zur Beseitigung von Mängeln durchführen</li><li>Regelmäßige Überprüfung der Wirksamkeit von Arbeitsschutzmaßnahmen</li></ul>

Tabelle 1: *Aufgabenüberblick – Fortsetzung*

Aufgabenüberblick:	
mittlere/untere Führungsebene	- Umsetzung der Vorgaben im Arbeitsschutz zur Erreichung der Ziele - Unterstützung bei der Durchführung von Gefährdungsbeurteilungen - Umsetzung von Weisungen - Regelmäßige Überprüfung der Wirksamkeit von Arbeitsschutzmaßnahmen - Bei festgestellten Mängeln die Beseitigung der Mängel einleiten, ggf. Sofortmaßnahmen vornehmen - Kontrollen und durchgeführte Maßnahmen dokumentieren - Unterweisung der unterstellten Mitarbeiter auf der Grundlage der Gefährdungsbeurteilung

Die mittlere bzw. untere Führungsebene (z. B. Sachgebiets-/Fachgebietsleiter, Wachleiter, Wachabteilungsleiter) setzt die von der obersten bzw. oberen Führungsebene zur Realisierung entschiedenen Maßnahmen im Arbeitsschutz um. Sie sind dafür verantwortlich, dass die ihnen unterstellten Beschäftigten die Schutzmaßnahmen im Arbeitsschutz beachten. Ihnen kommt Kontrollfunktion zu. Bei wiederholten Verstößen der Beschäftigten gegen die Vorgaben im Arbeitsschutz sind die verpflichtet den jeweiligen Vorgesetzten in Kenntnis zu setzen.

4.6 Personalrat/Personalvertretung

Bei der Erstellung von Gefährdungsbeurteilungen ist die für die Feuerwehr bzw. Rettungsdienst zuständige Personalvertretung/der Personalrat im Rahmen der Mitbestimmungsrechte auf der Grundlage der jeweiligen Personalvertretungsgesetze der Länder/des Bundes (BPersVG) in die grundsätzlichen Entscheidungen einzubeziehen. Nicht nur das *Recht* der Personalvertretung/des Personalrats auf Mitbestimmung, sondern auch die *Pflicht* zur Mitbestimmung bei der Durchführung von Gefährdungsbeurteilungen gemäß § 5 ArbSchG wurde durch Entscheidungen des Bundesverwaltungsgerichts (BVerwG) und des Bundesarbeitsgerichts (BAG) entschieden. Die Richter am Bundesarbeitsgericht haben deutlich gemacht, dass § 5 ArbSchG zwar den Arbeitgeber zum Adressaten hat, aber hier nur die Rahmenbedingungen für die Erstellung von Gefährdungsbeurteilungen formuliert sind. Damit entsteht nach Auffassung der Richter eine Situation, bei deren Umsetzung eine Gestaltungsfreiheit besteht und betriebliche Regelungen getroffen werden müssen, die der Mitbestimmung durch die Personalvertretung bedürfen. Selbstverständlich gilt es auch bei der Ausübung der Mitbestimmung die rechtlichen Rahmenbedingungen einzuhalten. Das bedeutet, dass die zwischen dem Leiter der Feuerwehr/der Rettungsdienstorganisation und der jeweiligen Personalvertretung abgestimmte Vorgehensweise nicht gegen geltendes Recht verstoßen darf. Sofern kein Konsens erzielt werden kann, ist ggf. die Einigungsstelle anzurufen.

Zu den Aufgaben der Personalvertretung/des Personalrats zählt auch, sich aktiv in die Umsetzung und Verbesserung des Arbeitsschutzes einzubringen. Das bedeutet, dass er nicht nur durch die Teilnahme an Begehungen oder die Einsicht in Unfallberichte der Beschäftigten aktiv in den Gesundheits- und Unfallschutz mitwirkt, sondern auch auf die Einhaltung der rechtlichen Vorgaben im Arbeitsschutz für die Sicherheit und zum Schutz der Beschäftigten achtet.

4.7 Sicherheitsbeauftragte

Auf der Grundlage des § 22 SGB VII und § 20 DGUV Vorschrift 1 hat der Arbeitgeber/der Unternehmer in Betrieben mit mehr als 20 Beschäftigten sogenannte Sicherheitsbeauftragte zu bestellen. Anders als z. B. Gefahrgut-, Strahlenschutz- oder Umweltbeauftragte sind die Sicherheitsbeauftragten ausschließlich ehrenamtlich tätig. Sicherheitsbeauftragte haben weder Weisungsbefugnis noch Aufsichtsfunktion. Sie unterstützen aufgrund ihrer betrieblichen Erfahrungen den Arbeitgeber bei der Umsetzung von Vorgaben im Arbeitsschutz und machen auf potentielle Unfall- und Gesundheitsgefahren aufmerksam. Der Arbeitgeber legt die Zahl der Sicherheitsbeauftragten z. B. auf der Grundlage der in § 20 DGUV Vorschrift 1 genannten Kriterien fest. Aufgrund ihrer ausschließlich ehrenamtlichen Funktion können Sicherheitsbeauftragte in keiner Weise die Aufgaben einer Fachkraft für Arbeitssicherheit oder die eines Arbeitsmediziners übernehmen.

Da sowohl bei der Feuerwehr als auch im Rettungsdienst im Allgemeinen mehr als 20 Mitarbeiter beschäftigt sind, ist eine dementsprechende Zahl an Sicherheitsbeauftragten zu bestellen.

Einen detaillierten Überblick über die Aufgaben eines Sicherheitsbeauftragten liefert die DGUV Information 211-042. Auch im Hinblick auf die Gefährdungsbeurteilung kommt dem Sicherheitsbeauftragten eine wichtige Rolle zu, indem er in die Erstellung von Gefährdungsbeurteilungen eingebunden ist. Durch seine Hinweise auf potentielle Arbeits- und Gesundheitsgefahren trägt er u. a. zur kontinuierlichen Aktualisierung der Gefährdungsbeurteilung bei.

4.8 Beschäftigte

Auf der Grundlage des Arbeitsschutzgesetzes haben die Beschäftigten nicht nur besondere Rechte und Pflichten im Arbeitsschutz, ihnen kommt auch die Aufgabe zu, den Arbeitgeber zu unterstützen (§ 16 ArbSchG).

Die Unterstützung des Arbeitgebers durch die Beschäftigten bezieht sich auch auf das Erstellen von Gefährdungsbeurteilungen. Die Erfahrungen der Beschäftigten sind möglichst als Informationsquelle in die Gefährdungsbeurteilungen einzubeziehen (§§ 16 und 17 ArbSchG). Damit im Rahmen einer Gefährdungsbeurteilung die möglichen Gefährdungen umfänglich erkannt und realistisch eingeschätzt sowie geeignete Maßnahmen für die Sicherheit und zum Schutz der Beschäftigten festgelegt werden können, ist das Mitwirken der Beschäftigten nicht nur sinnvoll, sondern anzuraten, damit Hinweise und Vorschläge für Verbesserungen aus der Arbeitspraxis einfließen (Zimmermann & Tittmann, 2016). Das beinhaltet auch Hinweise der Beschäftigten zu möglichen gesundheitlichen Beschwerden oder subjektiv empfundenen Belastungen. Die Einbindung der Beschäftigten fördert u. a. auch die Akzeptanz der umzusetzenden Maßnahmen und die Sensibilisierung sowie die Eigenverantwortung für angemessenes Verhalten in Bezug auf die Sicherheit und den Gesundheitsschutz bei den Beschäftigten. Die Beteiligung der Beschäftigten kann beispielsweise in schriftlicher Form mittels Fragebogen oder im Rahmen einer Befragung einer kleineren Gruppe erfolgen, um die möglichen Gefährdungen zu identifizieren.

5 Anlass und Aktualisierung der Gefährdungsbeurteilung

5.1 Anlass und Überprüfung der Gefährdungsbeurteilung

Der Anlass für die Durchführung und Überprüfung einer Gefährdungsbeurteilung kann durchaus differieren (BGHM, 2016; BAuA, 2016). Mögliche Anlässe für die Durchführung von Gefährdungsbeurteilungen sind in Bild 8 wiedergegeben. Grundsätzlich kann man jedoch festhalten, dass die Überprüfung von Gefährdungsbeurteilungen nicht als einmalige Maßnahme anzusehen ist, sondern integriert in das Arbeitsschutzmanagementsystem in zeitlich wiederkehrenden Schritten erfolgen sollte (BAuA, 2016). Den Stand der Technik zur anlassbezogenen Erstellung und zur Überprüfung bzw. zur Aktualisierung der Gefährdungsbeurteilung gibt die Technische Regel für Arbeitsstätten, ASR V3 »Gefährdungsbeurteilung« wieder.

Einer der wichtigsten Anlässe ist die Einrichtung eines oder mehrerer *neuer Arbeitsplätze*. Das schließt auch die Umgestaltung von bereits vorhandenen Arbeitsplätzen bei den Feuerwehren oder den Rettungsdiensten ein. Das bedeutet, dass bei

Bild 8: *Anlässe für Gefährdungsbeurteilungen*

5.1 Anlass und Überprüfung der Gefährdungsbeurteilung

der Änderung von bestehenden Strukturen durch organisatorische Anpassungen, die beispielsweise mit einer räumlichen Veränderung einhergehen, bzw. im Rahmen von Renovierungsmaßnahmen Aktualisierungen oder Überprüfungen bestehender Gefährdungsbeurteilungen erforderlich werden.

Sofern Gefährdungsbeurteilungen bei der Feuerwehr oder dem Rettungsdienst noch nicht vorliegen, ist der Anlass die *erstmalige Beurteilung* der möglichen Gefährdungen. In diesem Fall ist gewissermaßen eine Bestandsaufnahme der Arbeitsstätten (z. B. bei mehreren Feuer- und/oder Rettungswachen), der Arbeitsplätze und der Arbeitsmittel vorzunehmen. Letztendlich führt die strukturelle Erfassung zu einer Segmentierung der Feuerwehr bzw. des Rettungsdienstes.

Ebenfalls können *Veränderungen von Arbeitsabläufen* z. B. auf der Grundlage von taktischen Änderungen im feuerwehrtechnischen Bereich oder veränderte Behandlungsstandards aufgrund von neuen medizinischen Erkenntnissen für die Erstellung oder die Überarbeitung von Gefährdungsbeurteilungen einen Anlass geben.

Auch die Beschaffungen von *neuen Arbeitsmitteln* – hierbei sind keine Ersatzbeschaffungen von vorhandenen Arbeitsmitteln (feuerwehrtechnische bzw. medizinische Geräte oder Fahrzeuge) ohne wesentliche technische Änderungen gemeint – machen die Durchführung einer Gefährdungsbeurteilung erforderlich. Als Beispiel ist die Einführung einer neuen Einsatzschutzkleidung bei der Feuerwehr zu nennen, wenn bei der neuen Schutzkleidung eine Rettungs- bzw. Halteschlaufe in die Schutzjacke integriert ist und die Feuerwehr damit von bestimmten Vorgaben (Einsatz des Feuerwehrhaltegurts) abweicht.

Gemäß § 3 BetrSichV muss die Gefährdungsbeurteilung vor der Verwendung des Arbeitsmittels durchgeführt sein. Um die für den Verwendungszweck geeigneten Arbeitsmittel bereitstellen zu können, ist es angeraten, die Gefährdungsbeurteilung bereits vor dem Zeitpunkt der Marktrecherche und der Ausschreibung vorliegen zu haben. In die Beurteilung der Gefährdungen, die möglicherweise von Arbeitsmitteln ausgehen können, sind neben dem Arbeitsmittel selbst, u. a. auch ergonomische Überlegungen, Fragen zur Eignung für den angedachten Verwendungszweck oder die Umstände der Arbeitsumgebung einzubeziehen.

Ein weiterer Grund kann der Einsatz von *neuern Betriebsstoffen* bei motorbetriebenen Arbeitsmitteln (z. B. Motor-Kettensäge) sein.

Kommt es während des Dienst- und Übungsbetriebs zu einem *Arbeits- oder Dienstunfall* ist neben der Analyse des Unfallhergangs auch die Überprüfung der vorhandenen Gefährdungsbeurteilung indiziert; es ist zu prüfen, ob die veranlassten und bis dahin gültigen Maßnahmen richtig und vor allen Dingen vollständig sind.

5 Anlass und Aktualisierung der Gefährdungsbeurteilung

Hierbei ist im Rahmen einer Unfalluntersuchung gemeinsam mit der Fachkraft für Arbeitssicherheit u. a. herauszuarbeiten, ob der Unfall auf technischen oder organisatorischen Fehlern oder individuellem Fehlverhalten beruht. Ergeben sich aufgrund arbeitsbedingter Beeinträchtigungen erhöhte Fehlzeiten bei den Beschäftigten, so muss daraus abgeleitet werden, die Gefährdungsbeurteilungen zu überarbeiten, das mögliche Risiko neu zu bewerten und die entsprechenden bzw. getroffenen Maßnahmen anzupassen.

Obwohl mit Ausnahme in § 4 (2) der Biostoffverordnung sowie der TRBA 250 (»die Gefährdungsbeurteilungen sind alle 2 Jahre zu überprüfen«) grundsätzlich kein konkreter Zeitrahmen zur Revision der Gefährdungsbeurteilung vorgegeben ist, erscheint es sinnvoll, die Überprüfung wie in der Betriebssicherheitsverordnung formuliert (§ 3 (7) BetrSichV) in *regelmäßigen Abständen* vorzunehmen. Auch in der TRGS 400 (Gefährdungsbeurteilung für Tätigkeiten mit Gefahrstoffen) findet sich in Kap. 4.3 der Begriff der Regelmäßigkeit. Der Begriff »regelmäßig« bedarf sicherlich einer eingängigen Interpretation.

Der Begriff »regelmäßig« gilt juristisch als ein unbestimmter Rechtbegriff und wird umgangssprachlich als zeitlich gleichmäßig wiederkehrend verstanden. Mit Bezug auf den Arbeitsschutz und mit Blick auf die Gefährdungsbeurteilung kann der Begriff sicherlich dahingehend interpretiert werden, dass eine Ermessensentscheidung besteht. Auf der Basis einer solchen Interpretation kann der Begriff »regelmäßig« durch den Leiter der Feuerwehr/den Feuerwehrkommandanten bzw. den Verantwortlichen für den Rettungsdienst in eigener Zuständigkeit für den jeweiligen Zuständigkeitsbereich definiert werden. Im Sinn dieser Begriffsdefinition kann von einer Regelmäßigkeit dann die Rede sein, wenn sich die Revision oder Überprüfung der Gefährdungsbeurteilung z. B. im Abstand von 1 bis maximal 3 Jahren wiederholt. Längere Zeiträume fallen zwar auch noch unter diese Definition; dennoch bergen noch längere Zeiträume den Nachteil, dass die Gefährdungsbeurteilung den Bezug zu aktuellen betrieblichen Situationen, dem Stand der Technik oder den rechtlichen Vorgaben verliert.

Aber auch die *Änderungen von rechtlichen Vorgaben* im staatlichen Arbeitsschutz (z. B. Biostoff- oder Gefahrstoffverordnung) oder bei den Trägern der Unfallversicherungen bzw. die Änderungen von Regelwerken (z. B. Technische Regeln) können Anlass zu einer Überprüfung der vorhandenen Gefährdungsbeurteilungen geben.

Ebenso führen neue *arbeitswissenschaftliche Erkenntnisse*, das können aber beispielsweise auch Hinweise des Betriebsarztes (Arbeitsmediziner) sein, zu einer Überarbeitung der Gefährdungsbeurteilung. So kann der Hinweis des Arbeitsmediziners auf das Auftreten von Hautekzemen bei der Verwendung bestimmter Einmalhandschuhe im Rettungsdienst Anlass für die Revision der Gefährdungsbeurteilung sein.

Kommt es zu *Änderungen des aktuellen Standes der Technik* (beispielsweise bei der Veröffentlichung neuer bzw. überarbeiteter Normen) sind die Gefährdungsbeurteilungen in den jeweiligen Bereichen zu überprüfen.

Ein weiterer Anlass für die Erstellung oder Revision einer Gefährdungsbeurteilung kann die Beschäftigung von Menschen sein, die eines besonderen Schutzes bedürfen. Das trifft beispielsweise auf die Gruppen der Jugendfeuerwehr oder die Jugendgruppen in Hilfsorganisationen zu, aber auch auf werdende bzw. stillende Mütter und im Zusammenhang mit der Inklusion auf die Beschäftigung von Menschen mit Behinderung bei der Feuerwehr oder in der Rettungsdienstorganisation.

5.2 Aktualisierung und Kontrolle

Beschäftigt man sich mit der Aktualisierung der Gefährdungsbeurteilung oder der Wirksamkeitskontrolle der Schutzmaßnahmen, muss der Begriff der Gefährdungsbeurteilung und deren Durchführung etwas genauer betrachtet werden.

Die Ausführungen der Technischen Regeln für Arbeitsstätten, ASR V3 oder die Technischen Regeln für Betriebssicherheit, TRBS 1111 legen nahe, dass die Gefährdungsbeurteilung ein zyklischer Prozess mit mehreren Prozessschritten – von der Vorbereitung der Gefährdungsbeurteilung bis zur Wirksamkeitsprüfung und Fortschreibung – ist. Demnach ist die Gefährdungsbeurteilung zu einem gegebenen Zeitpunkt zu aktualisieren (Fortschreibung) bzw. die Wirksamkeitskontrolle durchzuführen. Hierbei muss bedacht werden, dass die Gefährdungsbeurteilung grundsätzlich als Instrument oder als Baustein eines Arbeitsschutzmanagementsystems fungiert und dazu dient, potentielle Gefährdungen offen zu legen und auf deren Grundlage geeignete Maßnahmen für die Sicherheit und zum Schutz der Beschäftigten festzulegen.

Im Arbeitsschutzgesetz finden sich in diesem Zusammenhang von den Technischen Regeln abweichende Formulierungen. Es wird zwar gemäß § 5 ArbSchG (Beurteilung der Arbeitsbedingungen) die Forderung erhoben, Gefährdungsbeurteilungen zu erstellen, um auf die Arbeit bezogene Gefährdungen aufzuspüren, doch eine Umsetzung der festgelegten Schutzmaßnahmen, deren Wirksamkeitsprüfung oder Aktualisierung ist nicht formuliert. Der § 3 ArbSchG (Grundpflichten des Arbeitgebers) zielt im Rahmen der betrieblichen Organisation des Arbeitsschutzes auf die Kontrollpflicht, auf die Prüfung der im Verlauf der Gefährdungsbeurteilung

5   Anlass und Aktualisierung der Gefährdungsbeurteilung

festgelegten Maßnahmen, auf deren Wirksamkeit und die Aktualisierung ab. Die Kontrollpflicht, also die regelmäßige Überprüfung und die Überlegungen, ob die ermittelten Gefährdungen noch zutreffen oder ggf. neue hinzugekommen sind (z. B. bei der Anpassung der technischen Ausrüstung an den Stand der Technik) wie auch die Wirksamkeitsprüfung gemäß § 3 ArbSchG suggerieren einen zyklischen Prozess bei der Gefährdungsbeurteilung, was jedoch nicht der Fall ist.

Formell betrachtet ist die Gefährdungsbeurteilung mit Bezug auf das Arbeitsschutzgesetz jedoch kein zyklischer Prozess, denn nach dem Erkennen von potentiellen Gefährdungen und dem Festlegen von Maßnahmen ist die Gefährdungsbeurteilung beendet.

Es ist also notwendig, eine strikte, gedankliche Trennung zwischen den Vorgaben gemäß § 3 und § 5 ArbSchG herbeizuführen.

Dem gegenüber findet sich in § 3 BetrSichV, in § 4 BioStoffV und § 6 GefStoffV der Hinweis auf die Durchführung der Wirksamkeitsprüfung, mit dem Fokus ausschließlich auf den technischen Schutzmaßnahmen. Hier ergibt sich bei den gesetzlichen Grundlagen zur Erstellung der Gefährdungsbeurteilung eine Diskrepanz.

Die Vorschrift 1 und die Regel 100-001 der DGUV sind in Bezug auf die Aktualisierung und Prüfung der Gefährdungsbeurteilung eindeutiger. In § 3 Abs. 2 der DGUV Vorschrift 1 und der Regel 100-001 findet sich der zweifelsfreie Hinweis, dass die festgelegten Schutzmaßnahmen auf deren Wirksamkeit zu prüfen sind und in den beispielhaft genannten Anlässen bei sich ergebenden Änderungen z. B. bei den Arbeitsabläufen oder Arbeitsmitteln bei denen eine Anpassung bzw. Überprüfung der Gefährdungsbeurteilung vorzunehmen ist.

Die im Zuge der Beurteilung der Gefährdungen festgelegten Maßnahmen müssen selbstverständlich im Rahmen einer Kontrolle auf ihre Wirksamkeit überprüft werden. Ebenso legen die in Kapitel 5.1 genannten Anlässe oder die sich aus der Wirksamkeitsprüfung ergebenden Hinweise nahe, die Gefährdungsbeurteilung erneut aufzugreifen, ggf. auf den aktuellen Stand zu bringen oder sogar noch einmal umfänglich von neuem durchzuführen. Auch die Formulierungen der DGUV Vorschrift 1 bzw. der Regel 100-001 stützen diese Überlegungen.

An dieser Stelle wird unterstellt, dass der Gesetzgeber durchaus die Aktualisierung und Kontrolle der Gefährdungsbeurteilung im Fokus hatte, auch wenn eine zweifelsfreie Formulierung im Arbeitsschutzgesetz fehlt.

Im Bewusstsein von den rechtlichen Strukturen der §§ 3 und 5 ArbSchG abzuweichen, soll der Begriff der Gefährdungsbeurteilung hier etwas unsauberer im Sinn eines zyklischen Prozesses determiniert werden. Dies dient dem besseren Verständnis und implementiert die Aktualisierung bzw. die Wirksamkeitskontrolle in den Kontext der Gefährdungsbeurteilung.

5.2 Aktualisierung und Kontrolle

Konkrete Fristen zur Aktualisierung oder Wiederholung einer Gefährdungsbeurteilung sind mit Blick auf die rechtlichen Vorgaben mit Ausnahme in der Biostoffverordnung (2 Jahre) nicht vorgegeben, In den rechtlichen Vorgaben findet sich der Hinweis auf die Regelmäßigkeit im Zusammenhang mit der Aktualisierung oder Überprüfung. Dem für die Feuerwehr oder den Rettungsdienst Verantwortlichen wird demnach ein Ermessensspielraum für die Überprüfung der Gefährdungsbeurteilung eingeräumt. In diesem Zusammenhang sei auf die Ausführungen zur anlassbezogenen Überprüfung der Gefährdungsbeurteilung (»Regelmäßige zeitliche Abstände«) verwiesen. Der Hinweis auf die Fortschreibung der Gefährdungsbeurteilung ist dahingehend zu interpretieren, dass in bestimmten zeitlichen Abständen die Begehung der jeweiligen Bereiche durchzuführen ist, um neue bzw. hinzugekommene Gefährdungen aufzudecken.

Vor dem Hintergrund von möglichen Änderungen bei den Rechtsgrundlagen, der Anpassung des Standes der Technik, den Arbeitsabläufen/-plätzen/-mitteln usw. liegt es auf der Hand, den Zeitraum für die Aktualisierung (Fortschreibung) oder Wiederholung nicht zu weit zu fassen.

6 Arbeitsmittel

6.1 Allgemein

Ein wesentlicher Bestandteil des Arbeitsschutzes und damit der Ermittlung von potentiellen Gefährdungen ist eine verlässliche Prüfung der bei der Feuerwehr bzw. Rettungsdienst eingesetzten Arbeitsmittel.

Auf der Grundlage des § 3 BetrSichV müssen vor dem Einsatz von Arbeitsmitteln die mit deren Benutzung bzw. Verwendung verbundenen Gefährdungen im Rahmen einer Gefährdungsbeurteilung ermittelt werden. Das beinhaltet auch die Beurteilung der Wechselwirkung von Arbeitsmitteln untereinander an einem Arbeitsplatz oder beispielsweise mit Arbeitsstoffen wie Betriebsmitteln bzw. Reinigungs- und Desinfektionsmitteln.

Hierbei versteht man unter Arbeitsmitteln alle Werkzeuge, Geräte oder Maschinen, die bei der Feuerwehr oder dem Rettungsdienst für die Erfüllung der entsprechenden Aufgaben zum Einsatz kommen. Dabei dürfen gemäß § 5 BetrSichV nur solche Arbeitsmittel verwendet werden, die für die jeweiligen Aufgaben bzw. Arbeiten geeignet sind, den entsprechenden Einsatzbedingungen bei Feuerwehr und Rettungsdienst entsprechen und über die erforderlichen Sicherheitseinrichtungen verfügen. Daher muss sichergestellt sein, dass die Arbeitsmittel frei von Defekten, Mängel oder Schäden sind. Die TRBS 1201, Prüfung von Arbeitsmitteln und überwachungspflichtigen Anlagen, konkretisiert die Prüfung von Arbeitsmitteln auf der Grundlage der Betriebssicherheitsverordnung. Die Vorgaben für den sicheren Betrieb von Medizinprodukten gemäß Medizinproduktegesetz und Medizinprodukte-Betreiberverordnung sind entsprechend zu beachten.

Für den ehrenamtlichen Bereich bei der Feuerwehr oder in der Rettungsdienstorganisation finden die Vorgaben des staatlichen Arbeitsschutzes keine primäre Anwendung. Hier gelten die Vorgaben der Unfallversicherungsträger. Das sind beispielsweise die DGUV Vorschrift 49 (»Feuerwehren«) und die Prüfgrundsätze für die Ausrüstung und Geräte (DGUV Grundsatz 305-002). Auch, wenn explizit für den Rettungsdienst keine analogen Vorgaben existieren, muss davon ausgegangen werden, dass die Arbeitsmittel im Rettungsdienst ebenfalls regelmäßigen Prüfungen zu unterziehen sind.

6.2 Fahrzeuge

Grundsätzlich sind Feuerwehrfahrzeuge oder Rettungsmittel als Arbeitsmittel im Sinne des § 2 Abs. 1 BetrSichV zu verstehen, wenn sie zur Verfügung gestellt werden. Das bedeutet, dass die Fahrzeuge gemäß § 14 BetrSichV regelmäßigen Prüfungen unterzogen werden, wenn sie Einflüssen ausgesetzt sind, die zu Schäden und damit zu einer Gefährdung der Beschäftigten führen können, wenn an ihnen prüfpflichtige Änderungen (Umbauten) vorgenommen werden oder es zu einem Unfall (außergewöhnliches Ereignis) gekommen und damit die Sicherheit des Arbeitsmittels beeinträchtigt ist.

Für die ehrenamtlichen Angehörigen der Feuerwehr oder der Rettungsdienstorganisation gilt wie dargestellt (vgl. Kapitel 1) nicht die Betriebssicherheitsverordnung. Auf der Grundlage der DGUV Vorschrift 1 (»Grundsätze der Prävention«) muss in Verbindung mit den DGUV Vorschriften 70 und 71 (»Fahrzeuge«) auf die Prüfung der Fahrzeuge aufmerksam gemacht werden. Die Prüfungen der Fahrzeuge gemäß BetrSichV oder auf der Grundlage der DGUV Vorschriften sind aber nicht mit der Prüfung (Hauptuntersuchung) entsprechend der Straßenverkehrszulassungsverordnung (StVZO) zu verwechseln. Mit der Überprüfung der Verkehrssicherheit der Fahrzeuge im Zuge der Hauptuntersuchung ist im Umkehrschluss der Nachweis des

Bild 9: *Beispiel für die Prüfung der Fahrzeuge gemäß DGUV 70 und 71*

mangelfreien Zustands im Sinn des Arbeitsschutzes noch nicht erbracht. Das kann nur durch eine regelmäßige, mindestens einmal jährlich erfolgende Prüfung (§ 57 DGUV Vorschrift 71) durch einen Sachkundigen bestätigt werden.

Für die Prüfung von Feuerwehrfahrzeugen oder Rettungsmitteln gemäß BetrSichV gibt es keine allgemein gültigen Prüflisten, die analog zu Checklisten zum Einsatz kommen können. Vor diesem Hintergrund muss der jeweils mit der Prüfung beauftragte Sachkundige für die Fahrzeuge entsprechende Prüflisten erstellen. Als Orientierung kann der DGUV Grundsatz 314-003 (»Prüfung von Fahrzeugen durch Sachkundige«) herangezogen werden. In diesem Grundsatz gibt es beispielsweise Hinweise auf die Prüfung der Arbeitssicherheit bei Lkw mit Kofferaufbau, bei Pkw, bei Kastenwagen oder bei Wechselladerfahrzeugen. In die Prüfung sind aber auch Arbeitsmittel wie Ladekrane, Ladebordwände oder fest eingebaute Stromerzeuger, für die zusätzlich auch Prüfgrundsätze in anderen Vorgaben oder Vorschriften der Unfallversicherungsträger gelten, einzubeziehen.

6.3 Prüfung von Arbeitsmitteln

Soweit Arbeitsmittel im Rahmen der Verwendung Einflüssen ausgesetzt sind, die zu Schäden führen können, und um eine sichere Funktion der Arbeitsmittel zu garantieren, damit eine Gefährdung für die Beschäftigten ausgeschlossen werden kann, sind die Arbeitsmittel in regelmäßigen Abständen einer Wartung/Instandsetzung und Prüfung zu unterziehen. Sich ausschließlich auf eine CE-Kennzeichnung zu verlassen, ist aber nicht zielführend. Um eine sach- und fachgerechte Prüfung vornehmen zu können, ist es erforderlich, die Art und den Umfang der Prüfung wie auch die Prüffrist festzulegen.

Hierbei sind neben den allgemeinen Schutzmaßnahmen wie dem Vorhandensein und der Funktionsfähigkeit der Schutzeinrichtungen auch der Stand der Technik zu beachten. Für die Prüfung muss festgelegt werden, um welche Prüfungsart es sich handelt, welche Prüffrist (der Zeitraum zwischen zwei Prüfungen) einzuhalten ist und welcher Prüfgegenstand (Arbeitsmittel) zur Prüfung vorgesehen ist.

Bei der Prüfungsart ist zwischen organisatorischen und technischen Prüfungen zu unterscheiden. Im Rahmen der organisatorischen Prüfung wird abgeglichen, ob die erforderlichen Unterlagen wie beispielsweise die Herstellerhinweise oder die Gefährdungsbeurteilung vorhanden sind. Die technische Prüfung umfasst u. a. die Sichtprüfung, die Funktionsprüfung wie auch die Prüfung der Wirksamkeit der Sicherheitseinrichtungen.

6.3 Prüfung von Arbeitsmitteln

Im Zuge der Prüfung muss sichergestellt werden, dass das Arbeitsmittel den jeweiligen Vorgaben (Soll-/Ist-Abgleich) entspricht. Des Weiteren sind die Festlegungen in Bezug auf die Nutzungsdauer, die mögliche Beanspruchung und die Vorgehensweise bei möglichen Störungen zu treffen. Die möglichen Prüffristen ergeben sich z. B. aus der Betriebssicherheitsverordnung, aus den Technischen Regeln für Betriebssicherheit (TRBS 1201) oder aus der DGUV Grundsatz 305-002 (»Prüfgrundsätze für die Ausrüstung und Geräte der Feuerwehr«) sowie den Herstellerhinweisen. Liegen auf der Grundlage von bereits durchgeführten Prüfungen Erkenntnisse vor, auf deren Grundlage eine Verkürzung oder Verlängerung der Prüffrist in Frage kommt, kann das durch den Leiter der Feuerwehr/den Feuerwehrkommandanten oder den Verantwortlichen der Rettungsorganisation veranlasst werden.

Besonders für die Arbeitsmittel der Feuerwehr oder des Rettungsdienstes sind die Vorgaben der Hersteller für die Zusammenstellung eines sinnvollen Prüfablaufs relevant.

Zur Prüfung der Arbeitsmittel zählt auch die Durchführung der zeitlich wiederholten Prüfung von ortsveränderlichen oder transportablen elektrischen Arbeitsmitteln. Inwieweit auch die Prüfung von elektrischen Anlagen bzw. elektrischen Betriebsmitteln in die Zuständigkeit der Feuerwehr bzw. der Rettungsdienstorganisation fällt, muss vor Ort geklärt werden; ggf. kann die Prüfung von elektrischen Anlagen oder Betriebsmitteln bei einem bestehenden Mietverhältnis auch in die Zuständigkeit des Vermieters fallen. Die Prüfung von ortsveränderlichen oder transportablen elektrischen Arbeitsmitteln erfolgt durch eine befähigte Person. Der Prüfungsinhalt wird von ihr festgelegt. Geeignete Hinweise für die Durchführung einer elektrischen Prüfung finden sich u. a. in den DGUV Schriften (Information 203-070) bzw. in den Normen oder VDE-Bestimmungen.

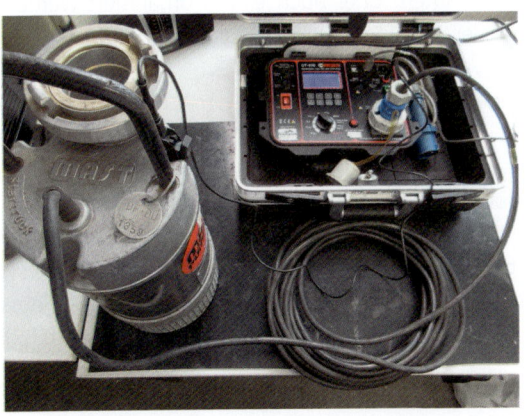

Bild 10: *Beispiel für die Prüfung von ortsveränderlichen elektrischen Betriebsmitteln*

6 Arbeitsmittel

Bild 11: *Beispiel für die Kennzeichnung der Prüfung (hier Prüfplakette auf einem Generator)*

Für Stromerzeuger ist zu beachten, dass seit Ende des Jahres 2015 eine Schutzleiterprüfung (BRANDSchutz, 12/2017, S. 949) nicht mehr erforderlich ist. Beim THW gibt es eine dezidierte Arbeitsanweisung zur Prüfung von Stromerzeugern, die sich in ihrer Ausführlichkeit und der hohen fachlichen Kompetenz hervorhebt.

Grundsätzlich können sich die Prüffristen für die elektrischen wie auch die übrigen Arbeitsmittel bei Feuerwehr und Rettungsdienst an Fehlerquoten oder an Abweichungen vom Sollzustand (vorhandene Toleranzwerte) orientieren. Die durchgeführte Prüfung von Arbeitsmitteln muss angemessen dokumentiert werden.

6.4 Organisation der Prüfung

Die Wartung/Instandsetzung und Prüfung von Arbeitsmitteln ist ausschließlich von befähigten Personen durchzuführen. Hierbei kann die Wartung/Instandsetzung und Prüfung der Arbeitsmittel intern oder auch extern organisiert werden. Bei einer internen Organisation der Prüfungen müssen die Beschäftigten über eine entsprechende Sachkunde verfügen.

Sofern das nicht gegeben ist oder es aufgrund der Art des Arbeitsmittels (z. B. bei Medizinprodukten) indiziert ist, wird die Organisation einer externen Wartung und Prüfung der Arbeitsmittel erforderlich. Der Internetauftritt des Bundesamts für Arbeitsschutz und Arbeitsmedizin (Suche: → Benennung von zugelassenen Überwachungsstellen nach ProdSG und BetrSichV) bietet eine Hilfestellung bei der Suche nach zugelassenen Überwachungsstellen für die Wartungen/Prüfungen von Arbeitsmitteln nach dem Produktesicherheitsgesetz (ProdSG) und der Betriebssicherheitsverordnung (BetrSichV) sofern der jeweilige Hersteller des Arbeitsmittels hierfür nicht zur Verfügung steht.

6.4 Organisation der Prüfung

Bilder 12a und b:
Kennzeichnung von Arbeitsmitteln

Wird die Wartung/Instandsetzung und Prüfung von Arbeitsmitteln intern organisiert, muss von dem jeweiligen Mitarbeiter ein Nachweis der Sachkunde in schriftlicher Form (Nachweis oder Zertifikat zur Berechtigung, ausgestellt vom Hersteller des Arbeitsmittels) erbracht werden. Nur dann darf der Leiter der Feuerwehr/der Feuerwehrkommandant oder der Verantwortliche der Rettungsdienstorganisation dem Mitarbeiter die Aufgaben zur Wartung und Prüfung der Arbeitsmittel übertragen. Die Übertragung einer solchen Aufgabe gemäß BetrSichV bedarf der Schriftform.

Um eine zweifelsfreie Identifikation der Arbeitsmittel zu garantieren, sind die Arbeitsmittel mit einer individuellen, dauerhaften Gerätenummer zu versehen. Die Gerätenummer kann beispielsweise mittels sogenannter Schlagzahlen auf eine

Bilder 13a und b: *Beispiel für Kennzeichnung von Arbeitsmitteln*

Aluminiumscheibe übertragen (vgl. Bild 13a) und auf dem Arbeitsmittel aufgeklebt werden oder ist mit einem Ring (beispielsweise bei Anschlagmitteln) am Arbeitsmittel zu befestigen.

Die mit der Wartung/Prüfung der Arbeitsmittel beauftragten Beschäftigten sollten die Gerätenummern fortlaufend und unter Angabe des jeweiligen Anschaffungsjahrs des Arbeitsmittels vergeben (Bild 13b).

Die Mitarbeiter haben sicherzustellen, dass die Gerätenummern nur einmalig vergeben werden. Über die Gerätenummer lassen sich die jeweiligen Lagerorte (z. B. der Geräteraum eines Löschfahrzeugs oder eines Rettungsmittels) eindeutig identifizieren.

Bei der Wartung bzw. Prüfung der Arbeitsmittel sind die entsprechenden technischen Vorgaben zu beachten.

Merke:

Zu der Prüfung der Arbeitsmittel zählen die folgenden Schritte:
- **Sichtprüfung** (Identifizierung augenscheinlich erkennbarer Schäden)
- **Funktionsprüfung** (u. a. Prüfung der Sicherheitseinrichtungen)
- **Dokumentation**
- **Beurteilung der Prüfergebnisse** und festlegen des nächsten Prüftermins
- **Kennzeichnung** (optische Kennzeichnung der erfolgten Prüfung durch eine Prüfplakette)

Bei der Sichtprüfung geht es um die Identifikation von offensichtlich erkennbaren Schäden, die im Zuge des Gebrauchs des jeweiligen Arbeitsmittels entstanden sein können.

Die Funktionsprüfung beinhaltet zur Feststellung der Sicherheit des Arbeitsmittels beispielsweise die Überprüfung der fehlerfreien Funktion von Schaltern, die Über-

6.4 Organisation der Prüfung

prüfung von beweglichen Teilen, die Überprüfung der Regeleinrichtungen oder die der Schutzeinrichtungen.

Die Dokumentation der Wartung bzw. Prüfung erfolgt sinnvollerweise durch Anlegen eines Datenblatts unter Angaben
- der Art des Arbeitsmittels,
- der Typbezeichnung,
- der Gerätenummer,
- der Fabrikationsnummer
- des ersten Wartungs-/Prüftermins,
- und des aktuellen Status (geprüft und oder instandgesetzt).

Die Dokumentation umfasst ebenfalls die Beschreibung einer möglichen Störung, einer Bewertung der möglichen Störung und der Beschreibung der Maßnahmen zur Beseitigung der Störung, um einen sicheren Betriebszustand wiederherzustellen. Der entsprechende Musterdokumentationsbogen wird im Downloadbereich (Anhang 5) zur Verfügung gestellt.

Die Ergebnisse der Wartung/Prüfung werden als Grundlage für mögliche Konkretisierungen von Gefährdungsbeurteilungen der jeweiligen Arbeitsmittel herangezogen. Weiterhin können die Ergebnisse der Wartung bzw. Prüfung, betrachtet über ein bestimmtes Zeitintervall, zur Anpassung der Prüffristen dienen. Die Festlegung von Prüffristen ist gemäß § 5 ArbSchG und § 3 BetrSichV ein entscheidender Punkt in der Gefährdungsbeurteilung. Die Einhaltung der Prüffristen liegt in der Verantwortung des Leiters der Feuerwehr/des Feuerwehrkommandanten bzw. des Verantwortlichen für die Rettungsdienstorganisation.

Nach der Wartung/Prüfung erhalten die Arbeitsmittel eine gut sichtbar angebrachte Kennzeichnung. Beispiele für solche Kennzeichnungen, sogenannte Prüfplaketten sind in Bild 14 dargestellt.

Die Kennzeichnung eines Arbeitsmittels mit einer Prüfplakette dient dazu, durch Visualisierung dem Benutzer anzuzeigen, dass sich das Arbeitsmittel durch einen sicheren Betriebszustand gemäß BetrSichV auszeichnet.

Bild 14: *Beispiele für Prüfplaketten (Quelle: Kohlhammer)*

6 Arbeitsmittel

Bild 15: *Beispiele von Prüfplaketten in verschiedenen Ausführungen*

Bild 16: *Beispiele von Prüfplaketten in verschiedenen Ausführungen*

6.5 Prüfpersonal

Prüfungen von Arbeitsmitteln dürfen nur von befähigten Personen vorgenommen werden, um den ordnungsgemäßen und sicheren Zustand des jeweiligen Arbeitsmittels feststellen zu können. Bei der internen Organisation der Prüfung von Arbeitsmitteln sind die befähigten Beschäftigten der Feuerwehr oder der Rettungsdienstorganisation für den Umfang und die Durchführung der Prüfung wie auch die Bewertung der Prüfergebnisse zuständig. Voraussetzung für die Ausübung der Funktion als befähigte Person zur Prüfung von Arbeitsmitteln ist u. a. die Erfüllung der Vorgaben auf der Grundlage der Technischen Regeln für Betriebssicherheit, TRBS 1203.

Der Leiter der Feuerwehr/der Feuerwehrkommandanten bzw. der Verantwortliche für die Rettungsdienstorganisation hat gemäß § 3 Abs. 6 BetrSichV dafür Sorge zu tragen, dass die Prüfungen ausschließlich von befähigten Personen vorgenommen werden. In Bezug auf die Prüftätigkeit ist die befähigte Person weisungsfrei und darf durch ihre ausgeübte Tätigkeit nicht beeinträchtigt werden.

7 Umfang einer Gefährdungsbeurteilung

Explizite Regelungen zum Umfang oder zur Dimension einer anlassbezogenen Gefährdungsbeurteilung sind rechtlich nicht vorgegeben. Wie umfangreich eine Gefährdungsbeurteilung sein muss oder sein soll, lässt sich nur schwer verallgemeinern. Mit Bezug auf § 5 ArbSchG sind hierzu bewusst keine konkreten Vorgaben gemacht, da sich der Umfang wie auch der Inhalt der Gefährdungsbeurteilung ausschließlich an den örtlichen Gegebenheiten, an den Erfordernissen bzw. an den tatsächlichen Umständen orientieren muss. Die Gefährdungsbeurteilung ist demnach ein Abbild der realen Verhältnisse im Arbeitsschutz.

Das bedeutet, dass der Umfang einer Gefährdungsbeurteilung beispielsweise von der Art des Arbeitsmittels (z. B. Löschfahrzeug, Drehleiter, Rettungswagen oder feuerwehrtechnisches bzw. medizintechnisches Gerät), dem Arbeitsablauf (beispielsweise feuerwehrtaktisches Vorgehen oder medizinische Standards) oder von der Art des Arbeitsplatzes (z. B. Werkstätten, Desinfektion) im Einzelnen abhängt.

Nur dann, wenn die realen Verhältnisse in Bezug auf die Gefährdungen vollständig und zutreffend erfasst sind, können die darauf beruhenden Schutzmaßnahmen umfänglich formuliert werden.

Die Gefährdungsbeurteilung muss in Bezug auf ihren Umfang angemessen formuliert sein. Das bedeutet, dass sie keine wesentliche Gefährdungen auslassen darf. Die Gefährdungsbeurteilung soll aber auch nicht unnötig ausführlich sein (z. B. durch angehängte Listen von Vorschriften). Es ist wichtig, dass die relevanten Informationen vom Anwender oder Nutzer der Gefährdungsbeurteilung schnell erfasst und nachvollzogen werden können.

Gemäß § 5 (2) ArbSchG, »Beurteilung der Arbeitsbedingungen« ist festgelegt, dass bei gleichartigen Arbeitsmitteln, Arbeitsabläufen oder Arbeitsplätzen jeweils nur eine Gefährdungsbeurteilung erstellt werden muss. Bei übereinstimmenden bzw. identischen Arbeitsmitteln (z. B. Fahrzeuge – z. B. Drehleiter – oder feuerwehrtechnische Geräte – z. B. Motorkettensäge/hydraulische Rettungsschere) und den damit verbundenen Gefährdungen kann man von einem gleichartigen Arbeitsmittel sprechen. Diese gleichartigen Arbeitsmittel können zu einer Gruppe, einer sog. »Arbeitsmittelgruppe« zusammengefasst werden. In diesem Fall reicht es aus, ausschließlich für ein Arbeitsmittel dieser definierten Arbeitsmittelgruppe eine Gefährdungsbeurteilung zu erstellen. Analog lassen sich Arbeitsabläufe oder Arbeitsplätze zu Gruppen zusammenfassen.

7 Umfang einer Gefährdungsbeurteilung

Es muss z. B. nicht jede bei der Feuerwehr auf den Löschfahrzeugen vorhandene elektrisch angetriebene Kettensäge bzw. jeder bei der Feuerwehr/dem Rettungsdienst vorhandene Defibrillator im Rahmen einer Gefährdungsbeurteilung erfasst werden. Gehen von den elektrisch angetriebenen Kettensägen oder den Defibrillatoren die jeweils gleichen Gefahren aus, ist es also ausreichend nur jeweils eine Gefährdungsbeurteilung zu erstellen.

Der Begriff der »Gleichartigkeit« kann aber auch täuschen. Beispielsweise wird zwar bei Defibrillatoren unterschiedlicher Hersteller der identische Einsatz- und Verwendungszweck verfolgt, doch können die Bedienungsschritte bei den Geräten voneinander differieren. Das bedeutet, dass es sich dann um vergleichbare aber nicht um die gleichen Arbeitsmittel (Defibrillator) handelt. Demnach kann man nur bei bestimmten Defibrillatoren eines Herstellers von einer Gleichartigkeit sprechen.

8 Rechtliche Konsequenzen bei Pflichtverletzungen

Auf der Grundlage des § 13 ArbSchG bzw. § 21 SGB VII ist der Arbeitgeber als Verantwortlicher für den Arbeitsschutz im Zuständigkeitsbereich genannt. In den Landkreisen, den Städten bzw. Gemeinden und den Betrieben trägt der Landrat, der (Ober-)Bürgermeister oder der Geschäftsführer die Verantwortung für die Umsetzung der rechtlichen Vorgaben im Arbeitsschutz. Der Arbeitgeber kann die Aufgaben im Arbeitsschutz zwar auf die ihm nachgeordneten Führungskräfte übertragen (vgl. Kapitel 4.3), jedoch nicht umfänglich. Trotz der Pflichtenübertragung verbleibt beim Landrat, beim (Ober-)Bürgermeister oder beim Geschäftsführer die Aufsichts- und Organisationsverpflichtung.

Die Verantwortung des Leiters der Feuerwehr/des Feuerwehrkommandanten oder der vom Geschäftsführer beauftragten Person bei Pflichtverletzungen auf der Grundlage des § 14 StGB (Handeln für einen anderen) bzw. des § 9 OWiG (Handeln

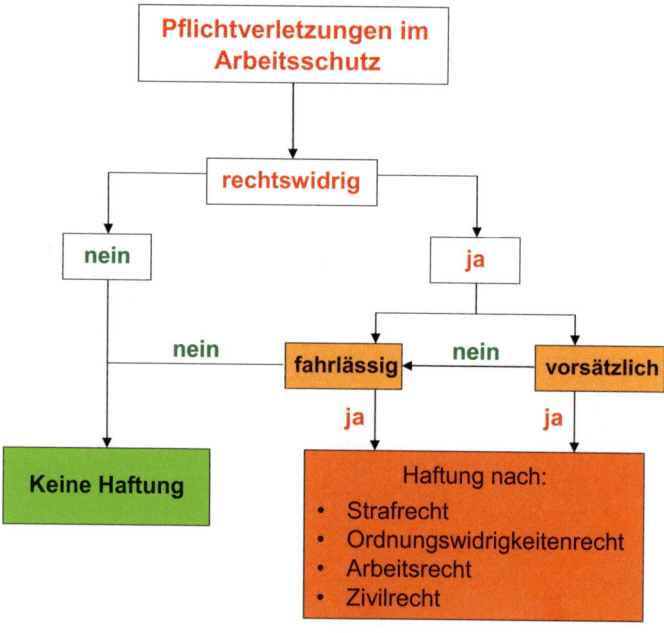

Bild 17: *Haftung bei Pflichtverletzungen*

für einen anderen) sowie des § 30 OWiG (Geldbuße gegen juristische Personen und Personenvereinigungen) und § 130 OWiG (Verletzung der Aufsichtspflicht) bleibt von den rechtlichen Vorgaben im Arbeitsschutz unberührt. Die möglichen Konsequenzen der Haftung bei Pflichtverletzungen sind in Bild 17 gezeigt.

Verstößt beispielsweise der Leiter der Feuerwehr bzw. der Feuerwehrkommandant oder die von ihm beauftragte Führungskraft gegen die Pflichten im Arbeitsschutz, die sich auf der Grundlage des Arbeitsschutzgesetzes oder der DGUV Vorschrift 1 ergeben, kann das strafrechtliche, ordnungsrechtliche, arbeitsrechtliche oder zivilrechtliche Konsequenzen haben (vgl. Bild 17). Durch ein umsichtiges und verantwortungsvolles Handeln im Arbeitsschutz können jedoch die Risiken einer Haftung für entstandenen Schaden in einem erheblichen Umfang reduziert werden. Das setzt aber mindestens die Grundkenntnisse des Arbeitsschutzgesetzes bzw. der Grundsätze der Prävention (DGUV Vorschrift 1) voraus.

Strafrechtlich:
Kommt es zu einem Arbeitsunfall, können rechtliche Untersuchungen durch die Strafverfolgungsbehörden eingeleitet werden; kommt es zu einem Arbeitsunfall mit Todesfolge muss die Staatsanwaltschaft ermitteln (StPO).

Eine strafrechtliche Ahndung setzt ein rechtswidriges Handeln voraus. Strafrechtlich gesehen kann aber auch das Unterlassen, d. h. der Pflicht zur Umsetzung der rechtlichen Vorgaben im Arbeitsschutz nicht nachzukommen, Konsequenzen gemäß § 13 StGB – z. B. in Verbindung mit § 222 StGB (fahrlässige Tötung) oder in Verbindung mit einem im siebzehnten Abschnitt genannten Straftaten (Straftaten gegen die körperliche Unversehrtheit) – mit sich bringen. Hier ist die besondere Verantwortung, die Garantenstellung, d. h. die rechtliche Verpflichtung für die Umsetzung der Vorgaben im Arbeitsschutz, zu berücksichtigen. Strafrechtlich gesehen spricht man von Fahrlässigkeit, wenn die erforderliche Sorgfaltspflicht und Umsicht aufgrund der persönlichen Fähigkeiten außer Acht gelassen wird. Bei grob fahrlässigem Handeln agiert derjenige leichtfertig, d. h. er vernachlässigt selbst einfache Abwägungen. Bei vorsätzlichem Handeln sind dem Handelnden die Folgen bekannt und er akzeptiert diese bewusst.

Gemäß § 26 ArbSchG kann mit Geldbuße belegt oder mit Freiheitsentzug bestraft werden, wer die Maßnahmen des Arbeitsschutzes für die Sicherheit und Gesundheit der Beschäftigten beharrlich ignoriert oder durch sein Handeln das Leben und die Gesundheit der Beschäftigten gefährdet.

8 Rechtliche Konsequenzen bei Pflichtverletzungen

Ordnungsrechtlich:
Wird gegen die Einhaltung von Vorgaben im Arbeitsschutz verstoßen, kann das auf der Grundlage des Gesetzes über Ordnungswidrigkeiten (OWiG) bestraft werden. Hierbei muss es nicht zu einem Arbeitsunfall gekommen sein. Es ist aber erforderlich, einen expliziten Hinweis, z. B. in Vorschriften der DGUV im Kapitel »Ordnungswidrigkeiten«, zu geben. Liegt ein vorsätzlicher oder fahrlässiger Verstoß gegen bußgeldbelegte Vorschriften oder Einzelanordnungen vor, kann gemäß § 130 OWiG (Verletzung der Aufsichtspflicht) ein Bußgeld verhängt werden.

Die Träger der Unfallversicherungen können auf der Grundlage des § 209 SGB VII Verstöße gegen Vorgaben im Arbeitsschutz mit Bußgeldern ahnden.

Zivilrechtlich:
Im Zivilrecht (allgemeines Privatrecht) wird bei der Übertragung von Aufgaben zwischen dem »Erfüllungsgehilfen« und dem »Verrichtungsgehilfen« unterschieden. Der Leiter der Feuerwehr/der Feuerwehrkommandant ist nach dem Zivilrecht dem »Verrichtungsgehilfen« gleichzusetzen; er handelt zwar eigenverantwortlich, ist aber an die Weisungen des Landrats bzw. (Ober-)Bürgermeister gebunden. Gemäß §§ 823 (Schadenersatzpflicht) und 831 (Haftung für den Verrichtungsgehilfen) Bürgerliches Gesetzbuch (BGB) kann der Leiter der Feuerwehr/der Feuerwehrkommandant, sofern er die ihm übertragenen Pflichten im Arbeitsschutz gemäß § 3 ArbSchG nicht erfüllt, wegen ungeeigneter Organisation zur Verantwortung gezogen werden (Sauer et al., 2017).

Den Geschädigten oder der jeweiligen Krankenversicherung ermöglicht das Zivilrecht, Schmerzensgeld oder die Auslagen für die Wiederherstellung des Gesundheitszustandes des Geschädigten einzufordern.

Arbeitsrechtlich:
Zu den Pflichten beispielsweise des Leiters der Feuerwehr/des Feuerwehrkommandanten gehört, den Arbeitsschutz im eigenen Verantwortungsbereich entsprechend zu organisieren (Wahrnehmung der Arbeitgeberpflichten). Als Konsequenzen bei Verstößen kann der Arbeitgeber Missbilligungen, Abmahnungen oder Kürzungen der Gehalts-/Lohnfortzahlung aussprechen. Die weitreichendste Konsequenz ist die Beendigung des Dienstverhältnisses durch Kündigung. Dafür müssen aber schwerwiegende Verstöße gegen die Vorgaben im Arbeitsschutz oder wiederholte Missachtung vorliegen.

Es lässt sich festhalten, dass als grundsätzliche Voraussetzung dafür, dass sich eine Haftung ergeben kann, das Vorliegen einer Pflichtverletzung beispielsweise durch Unterlassen erfüllt sein muss. Pflichtverletzungen liegen möglicherweise vor, wenn

8 Rechtliche Konsequenzen bei Pflichtverletzungen

die Organisation des Arbeitsschutzes (u. a. die Erstellung von Gefährdungsbeurteilungen) bei der Feuerwehr mängelbehaftet ist, die Führungskraft die Aufsichtspflicht verletzt oder ein Verstoß gegen die Vorgaben im Arbeitsschutz vorliegt.

Für eine rechtliche Verantwortung ist es immer notwendig, dass ursächlich ein Zusammenhang zwischen dem Handeln bzw. dem Unterlassen und dem Unfall bzw. Beinahe-Unfall hergestellt werden kann. Kommt es zu einem Arbeitsunfall muss der Leiter der Feuerwehr/der Feuerwehrkommandant bzw. der Geschäftsführer im Rettungsdienst nachweisen, dass er die Pflichten im Arbeitsschutz jederzeit beachtet hat (Verdacht der Pflichtverletzung).

9 Gefährdungsbeurteilungen des Einsatz- und Dienstbetriebs

Die unterschiedlichen Feuerwehr- oder Brandschutz- und Hilfeleistungsgesetze wie auch die jeweiligen Rettungsdienstgesetze der Bundesländer bedingen eine Vielzahl an Aufgaben, die von den Feuerwehren und Rettungsdiensten geleistet werden müssen. Vor diesem Hintergrund wird eine angemessen große Zahl an Arbeitsmitteln vorgehalten, um diesen Aufgaben adäquat begegnen zu können. Für den Bereich der Feuerwehr und des Rettungsdienstes ist eine nach den Gesetzen vorgegebene Ausbildungszeit zu absolvieren. Nach der Ausbildung müssen das erworbene Fachwissen und der Umgang mit den zur Verfügung stehenden Arbeitsmitteln sowie auch das Wissen um das taktische Vorgehen weiter aktuell gehalten und dem Stand der Technik angepasst bleiben. Das geschieht in realitätsbezogenen Übungssituationen auf dem Gelände der Feuer- oder Rettungswache. Zudem sind erforderliche Hintergrundarbeiten in Werkstätten oder Büros zu leisten, um den Regelbetrieb sicherzustellen.

Die Feuerwehren wie auch die Rettungsdienste sind von der Einhaltung der rechtlichen Vorgaben im Arbeitsschutz nicht befreit. Auf dieser Grundlage besteht die Verpflichtung zur Einhaltung der Forderungen im Arbeitsschutz, was u. a. bedeutet, dass auch bei den Feuerwehren wie auch im Rettungsdienst Gefährdungsbeurteilungen erstellt werden müssen.

Eine Unterscheidung zwischen hautamtlich oder ehrenamtlich beschäftigten Personen wird im Arbeitsschutzgesetz nicht vorgenommen. Die Gleichbehandlung von hauptamtlichen und ehrenamtlichen Beschäftigten wird in § 3 Abs. 5 der DGUV Vorschrift 1 und der DGUV Regel (Grundsätze der Prävention) explizit noch einmal herausgestellt.

Weil das Aufgabenspektrum sowohl bei der Feuerwehr als auch im Rettungsdienst sehr vielfältig ist, kann eine genaue Beschreibung der Arbeitsplätze – besonders, wenn die Einsatzkräfte zu Einsätzen alarmiert sind – nicht immer vorgenommen werden. Deshalb erscheint es zweckmäßig, eine Unterscheidung zwischen dem Dienst- bzw. Regelbetrieb, der den täglichen Wach- und Ausbildungsbetrieb wiedergibt, und dem Einsatzbetrieb vorzunehmen.

9.1 Einsatzbetrieb

Auf der Grundlage der jeweiligen Landesgesetze zum Brandschutz bzw. zur Hilfeleistung und zum Rettungsdienst ergibt sich für die Feuerwehren und die Rettungsdienste eine Vielzahl von Aufgaben mit den unterschiedlichsten Gefahren an der Einsatzstelle.

Im Vergleich zu einem Arbeitsplatz in einem Unternehmen sind die Einsatzstellen der Feuerwehr bzw. des Rettungsdienstes nur schwer einem eindeutig beschriebenen Arbeitsplatz zuzuordnen. Die Einsatzkräfte sehen sich bei der Erfüllung der an sie gestellten Aufgaben unter Berücksichtigung der örtlichen Verhältnisse und Umstände mit den unterschiedlichsten Arbeitsplätzen konfrontiert. Obwohl sich die Arbeitsplätze voneinander unterscheiden, lassen die jeweiligen Einsatzsituationen jedoch ähnliche Arbeitsprozesse erkennen. Die Feuerwehr-Dienstvorschriften regeln das grundsätzliche Vorgehen der Einsatzkräfte und damit einen einheitlichen, taktischen Standard. Wegen der Komplexität von Einsatzstellen erscheint es jedoch als unrealistisch, im Vorhinein potentielle Einsatzstellen zu beschreiben und aufgrund dessen Gefährdungsbeurteilungen durchzuführen.

Für die Einsatzstellen, an denen der Rettungsdienst tätig wird, gibt es analog zu den Feuerwehr-Dienstvorschriften keine vergleichbaren Regelungen oder Vorgaben. Sofern es sich nicht um umfangreiche Einsatzstellen wie beispielsweise bei einem Massenanfall von Verletzten (MANV) handelt, ist es jedoch wie bei den Behandlungsleitlinien im medizinischen Bereich der Krankenhäuser möglich, z. B. gemeinsam mit dem Ärztlichen Leiter Rettungsdienst (ÄLR), für den eigenen Zuständigkeitsbereich Behandlungsstandards festzulegen. Behandlungsstandards lassen sich beispielsweise für Reanimationen, akutes Koronarsyndrom, CO-Intoxikation, Schmerztherapie, Apoplex-Schlaganfall etc. festlegen. Solche Behandlungsstandards führen zum einen zu einem einheitlichen Vorgehen der Rettungsdienstkräfte und dienen so zum anderen einem sicheren Arbeiten sowie präventiven Handeln im Sinn des Arbeitsschutzes.

Aufgrund der mitunter hohen Komplexität der Feuerwehreinsätze wie auch der Einsätze im Rettungsdienst ist es nicht weiter verwunderlich, dass es im Verlauf des Einsatzgeschehens zu Veränderungen der Gefährdungen kommen kann. Im Vorfeld ist es nicht möglich, die sich mitunter verändernden Einsatzsituationen voll umfänglich zu erfassen und dementsprechend die Maßnahmen zum Schutz der Beschäftigten zu formulieren. Dennoch muss der Einsatzleiter vorausschauend potentielle Gefährdungen für die Beschäftigten der Feuerwehr oder des Rettungsdienstes an der

9 Gefährdungsbeurteilungen des Einsatz- und Dienstbetriebs

Bild 18: Gegenüberstellung des Führungsvorgangs nach FwDV 100 oberhalb und der Schritte der Gefährdungsbeurteilung unterhalb der gestrichelten Linien

Einsatzstelle definieren und darauf achten, dass durch die eingeleiteten Gegenmaßnahmen keine neuen Gefährdungen entstehen.

Die Beurteilung der Einsatzsituation und der Gefährdungen an Einsatzstellen nimmt der jeweilige Einsatzleiter auf der Grundlage der Feuerwehr – Dienstvorschrift 100, FwDV 100 (Führung und Leitung im Einsatz) vor, indem er die einzuleitenden Maßnahmen unter Berücksichtigung des Führungskreises trifft. Dieses Vorgehen kann als geeignete Möglichkeit oder Methode im Sinn der Gefährdungsbeurteilung im Arbeitsschutz angesehen werden. Die einzelnen Schritte im Führungsvorgang sind denen der Gefährdungsbeurteilung gleichwertig (Bild 18), da sie im Wesentlichen den Zielen und Grundsätzen einer Gefährdungsbeurteilung entsprechen.

In den Schriften der Träger der Unfallversicherungen (DGUV Regel 100-001; DGUV Information 205-021) ist der Begriff der »Gleichwertigkeit« im Zusammenhang von Feuerwehr-Dienstvorschrift und Gefährdungsbeurteilung dezidiert erläutert. Entsprechen also die Maßnahmen aus dem Führungskreis den Zielen und Grundsätzen einer vollständigen Gefährdungsbeurteilung, unter anderem auch in Bezug auf die Überprüfung der Wirksamkeit der Maßnahmen, so kann man von Gleichwertigkeit im Sinn des § 5 ArbSchG (Beurteilung der Arbeitsbedingungen und des § 3 DGUV Vorschrift 1) sprechen.

9.1 Einsatzbetrieb

Erkundung/Ermittlung:
Die Erkundung des Einsatzleiters beispielsweise unter Berücksichtigung der Gefahrenmatrix (Angst, Atemgifte, Atomare Gefahren, Ausbreitung, Chemische Stoffe, Explosion, Erkrankung, Einsturz, Elektrizität) geht mit der Ermittlung der Gefährdungen einher.

Beurteilung/Gefährdung beurteilen:
Die Beurteilung der wichtigsten Einsatzinformationen entspricht der Risikobewertung, d. h. der Bewertung von Eintrittswahrscheinlichkeit und dem Grad eines möglichen Schadens im Rahmen der Gefährdungsbeurteilung.

Entschluss/Maßnahmen festlegen:
Auf der Grundlage der Lagebeurteilung legt der Einsatzleiter die erforderlichen Maßnahmen fest. Dem Schutz von Menschenleben ist gegenüber dem Schutz von Sachwerten Vorrang zu geben; werden weder Menschen noch Sachwerte gerettet, ist jedes erhöhte Risiko für die Einsatzkräfte grundsätzlich zu vermeiden. In analoger Weise fließen die Informationen aus der Beurteilung der Gefährdungen in die Festlegung von Schutzmaßnahmen im Sinn der Gefährdungsbeurteilung ein, wobei durch die beschlossenen Maßnahmen keine neuen Gefährdungen entstehen dürfen.

Einsatzbefehl/Risiko minimieren (Durchführen):
Vom Einsatzleiter wird der Einsatzbefehl unter Beachtung der Gefahrenmatrix und der Priorisierung der Maßnahmen formuliert. Im Verlauf der Gefährdungsbeurteilung gilt es, die festgelegten Maßnahmen umzusetzen (durchführen), um eine Reduzierung der Gefährdung für die Beschäftigten zu erreichen.

Kontrolle/Wirksamkeit prüfen:
Für den erfolgreichen Fortgang und damit letztendlich für die erfolgreiche Beendigung eines Einsatzes kontrolliert der Einsatzleiter kontinuierlich die Durchführung und Umsetzung der von ihm erteilten Einsatzbefehle. In analoger Weise müssen die Schutzmaßnahmen, die zur Reduzierung der Risiken zur Umsetzung kommen, auf ihre Wirksamkeit hin geprüft werden.

9 Gefährdungsbeurteilungen des Einsatz- und Dienstbetriebs

9.2 Dienst-/Regelbetrieb

Ergeben sich für die Beschäftigten im täglichen Arbeitsablauf mögliche Gefahren und resultieren daraus gegebenenfalls negative Folgen für deren Sicherheit und die Gesundheit, müssen gemäß Arbeitsschutzgesetz Gefährdungsbeurteilungen durchgeführt werden.

Für den Dienst- bzw. Regelbetrieb bei der Feuerwehr oder im Rettungsdienst, verbunden mit dem täglichen Wach- und Ausbildungsbetrieb sowie den erforderlichen Hintergrundarbeiten in den Werkstätten (Wartung, Instandhaltung, Instandsetzung) oder den Büros gelten die gleichen Voraussetzungen zur Erstellung von Gefährdungsbeurteilungen wie dies durch das Arbeitsschutzgesetz für die gewerblichen Betriebe gefordert wird. Das hat zur Konsequenz, dass eine Analyse des Dienst- bzw. Regelbetriebs stattfinden muss und für alle Arbeitsprozesse bzw. Arbeitsabläufe, alle Arbeitsplätze und die bei den Feuerwehren oder den Rettungsdiensten eingesetzten feuerwehrtechnischen oder medizinischen Arbeitsmittel, die nicht durch die Feuerwehr-Dienstvorschriften oder Regelwerke der Träger der Unfallversicherungen abgedeckt sind, Gefährdungsbeurteilungen zu formulieren sind. Das schließt die Betrachtung der Arbeitsumgebung der Beschäftigten der Feuerwehr bzw. des Rettungsdienstes ein.

Im Rahmen der Gefährdungsbeurteilung werden die relevanten Gefährdungen logisch bzw. methodisch erfasst und bewertet. Das schließt zum Schutz der Sicherheit und Gesundheit unter Vermeidung von möglichen, unbeabsichtigten Wechselwirkungen das Festlegen von geeigneten Maßnahmen sowie deren Überprüfung auf Wirksamkeit ein.

10 Unfälle und arbeitsbedingte Erkrankungen

Das Entstehen von Unfällen und arbeitsbedingten Erkrankungen wird unter Anwendung eines Erklärungsmodells (Gruber et al., 2017) nachfolgend genauer betrachtet.

Der Eintritt eines Unfalls, eines plötzlichen in Bezug auf Ort und Zeit bestimmbaren, jedoch unerwarteten, von außen wirkenden Ereignisses oder einer arbeitsbedingten Erkrankung setzt notwendigerweise voraus, dass eine Gefahrenquelle vorhanden sein muss. Bei einem Unfall oder einer arbeitsbedingten Erkrankung wirken verletzungs- oder krankheitsbewirkende Faktoren, die unter dem Sammelbegriff »Gefährdungsfaktoren« gebündelt werden, auf den Menschen ein. Den Menschen machen seine individuellen Fähigkeiten (physische und psychische, d. h. körperliche und mentale Leistungsfähigkeit bzw. Leistungsbereitschaft oder die Leistungsvoraussetzungen wie beispielsweise das Alter oder das Geschlecht) aus.

Unfälle oder arbeitsbedingte Erkrankungen können sich nur dann ereignen, wenn die Gefahrenquelle und der Mensch in Bezug auf Ort und Zeit aufeinander treffen. Hierbei sind die gefahrenbringenden Bedingungen wie auch die außerberuflichen Einflüsse zu berücksichtigen. Gefahrenbringende Bedingungen ermöglichen, dass Gefährdungsfaktoren wirksam werden können und sind prinzipiell vorhersehbar. Ursächlich für gefahrenbringende Bedingungen sind im Allgemeinen beispielsweise Mängel bei der technischen oder funktionalen Sicherheit von Arbeitsmitteln. Außerberufliche Einflüsse (familiäres oder soziales Umfeld, finanzielle Situation etc.) können sich positiv oder negativ auf die Leistung des Menschen auswirken.

Das räumliche und zeitliche Zusammentreffen des Menschen mit einem oder mehrerer verletzungs- oder krankheitsbewirkenden Gefährdungsfaktoren kann einen Schaden oder eine gesundheitliche Beeinträchtigung unabhängig vom Ausmaß oder der Eintrittswahrscheinlichkeit bewirken. Man bezeichnet diesen Zusammenhang als Gefährdung.

Kommt eine Gefährdung zur Wirkung, kann es zu einem Gesundheitsschaden in Form einer Verletzung oder einer arbeitsbedingten Erkrankung kommen, wobei begünstigende Bedingungen wie technische Störungen oder situative Voraussetzungen eine Rolle spielen und das Wirksamwerden einer Gefährdung positiv beeinflussen. Aus den in der Darstellung in Bild 19 geschilderten Zusammenhängen kann man ableiten, dass die Gefährdungen – unabhängig davon, ob sie wirksam werden – vor Eintritt eines Gesundheitsschadens erkennbar und dementsprechend zu beeinflussen sind. Das setzt voraus, dass die Zusammenhänge und die Gefährdungs-

10 Unfälle und arbeitsbedingte Erkrankungen

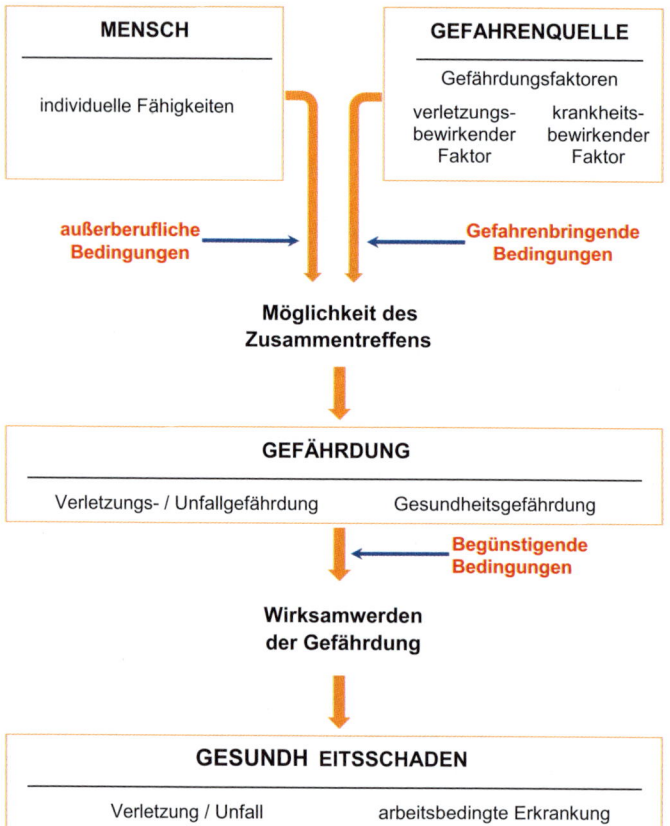

Bild 19: *Modell zur Erklärung des Entstehens von Unfällen/arbeitsbedingten Erkrankungen (nach Gruber et al, 2017)*

faktoren für die arbeitsbezogenen Sachverhalte bekannt sind. Hierbei gilt es zu berücksichtigen, dass die begünstigenden Bedingungen nicht vorherzusehen sind.

10 Unfälle und arbeitsbedingte Erkrankungen

> **Das Entstehen eines Unfalls soll an dem nachfolgenden, fiktiven Beispiel erläutert werden:**
>
> Bei der Feuerwehr kommt im Rahmen der Arbeiten ein elektrisches Arbeitsmittel (beispielsweise eine Tauchpumpe) zum Einsatz. Die Isolierung der elektrischen Anschlussleitung (Gefahrenstelle) ist defekt. Beim Arbeiten des Beschäftigten der Feuerwehr mit der Tauchpumpe (Möglichkeit des Zusammentreffens) besteht die Gefährdung durch den elektrischen Strom (Unfallgefährdung durch Strom = elektrische Gefährdung). Aufgrund von vorherrschenden schlechten Witterungsbedingungen – Nieselregen – (begünstigende Bedingung = Nässe) wird das Wirksamwerden der Gefährdung begünstigt. Beim Berühren der schadhaften Stelle der Isolierung kommt es zu einem Gesundheitsschaden (Verletzung) durch einen sogenannten elektrischen Schlag.

Durch das Erkennen bzw. Ermitteln von Gefährdungen, durch deren Beurteilung und das Ableiten von geeigneten Maßnahmen für die Sicherheit und zum Schutz der Gesundheit der Beschäftigten können im Rahmen einer Gefährdungsbeurteilung Gesundheitsschäden für die Beschäftigten vermieden oder zumindest die Wahrscheinlichkeit eines möglichen Gesundheitsschadens reduziert werden.

11 Besondere Personengruppen

Der Schutz der Beschäftigten bei der Feuerwehr/im Rettungsdienst vor den Gefahren für die Sicherheit oder Gesundheit muss als Ziel im Arbeitsschutz angesehen werden. Das gilt auch für besondere Personengruppen. Hierzu zählen u. a. schwangere oder stillende Frauen, Kinder und Jugendliche, Berufseinsteiger oder Menschen mit Behinderung.

Schwangere oder stillende Frauen dürfen nur dann beschäftigt werden, wenn davon auszugegangen werden kann, dass die Gesundheit der Mutter und des Kindes nicht gefährdet ist.

Kinderarbeit ist gemäß Jugendarbeitsschutzgesetz grundsätzlich verboten. Werden Jugendliche beschäftigt, müssen grundlegende Bedingungen für ihre Sicherheit, Gesundheit und Entwicklung berücksichtigt werden.

Auf die Bedingungen im Arbeitsschutz bei der Mitwirkung von Menschen mit Behinderung bei der Feuerwehr oder der Rettungsdienstorganisation soll aufgrund der Komplexität des Themas an dieser Stelle nicht weiter eingegangen werden.

Der Schutz von schwangeren oder stillenden Frauen, der Kinder- sowie Jugendschutz wie auch der Schutz von Berufseinsteigern zählt zum Sozialen Arbeitsschutz. Hier ist es das primäre Ziel, diese Personengruppen vor Überforderungen und darauf beruhenden, gesundheitlichen Schädigungen zu schützen.

11.1 Mutterschutz

Gemäß MuSchG und MuSchArbV muss der Arbeitgeber die Beurteilung der Arbeitsbedingungen rechtzeitig vornehmen, d. h. sobald die Mitteilung über die bestehende Schwangerschaft vorliegt bzw. bevor die Beschäftigung wieder aufgenommen wird. Beim Mutterschutz ist das Gebot der Risikominimierung zu beachten. Neben den Arbeitsbedingungen müssen für die jeweiligen Tätigkeiten die Gefährdungen auch in Bezug auf die Art, das mögliche Ausmaß und die Expositionszeit hin beurteilt werden. Das Ergebnis der Gefährdungsbeurteilung kann bedeuten, dass möglicherweise keine Schutzmaßnahmen einzuleiten sind oder aber Umgestaltungen des Arbeitsplatzes bzw. geeignete Schutzmaßnahmen erforderlich werden. In manchen Fällen kann auch eine Freistellung von der Arbeit erfolgen. Über das Ergebnis der Beurteilung ist die schwangere oder stillende Frau in einem gemeinsamen Gespräch mit dem Leiter der Feuerwehr/dem Feuerwehrkommandanten bzw. dem verantwortlichen Leiter der Rettungsdienstorganisation zu informieren. In diesem Gespräch sollte Auskunft darüber erteilt werden, welche Maßnahmen zum Schutz von Mutter und Kind erforderlich sind. Diese Maßnahmen können beispielsweise Veränderungen in der Arbeitsaufgabe bedeuten, weil Infektionsgefahren (Rettungsdienst) bestehen oder es zu körperlichen Beanspruchungen (Heben und Tragen von Lasten) kommen kann. Aber auch technische bzw. organisatorische Maßnahmen, die der Arbeitserleichterung dienen, kommen in Frage. Zu den technischen Maßnahmen lassen sich beispielsweise Hebehilfen und zu den organisatorischen z. B. die Anpassung der Arbeitszeit zählen. Die Schutzmaßnahmen müssen auf ihre Wirksamkeit überprüft und ggf. den sich ändernden Gegebenheiten angepasst werden. Ist eine Anpassung der gegebenen Arbeitsbedingungen mit einem vertretbaren Arbeitsaufwand nicht zu realisieren und scheidet zudem auch ein Wechsel des Arbeitsplatzes (Mitwirkung in der Aus- und Fortbildung, Dienst in der Leitstelle – ohne Nachtarbeit) aus, besteht für die schwangere bzw. stillende Frau so lange ein Beschäftigungsverbot, wie dies zum Schutz der Sicherheit und der Gesundheit erforderlich ist.

Es muss sichergestellt sein, dass eine schwangere Frau aus gesundheitlichen Gründen zu jedem Zeitpunkt den Arbeitsplatz verlassen kann. Ist es erforderlich, dass der Arbeitsplatz, beispielsweise der des Disponenten in der Leitstelle, kontinuierlich besetzt ist, muss eine Ablösung auf Zuruf bereitstehen. Kann das nicht gewährleistet werden, kommt eine Beschäftigung an diesem Arbeitsplatz nicht in Betracht. Auf der Grundlage des Anhangs der ArbStättV (Pkt. 4.2) ist der schwangeren bzw. stillenden Frau eine Ruhemöglichkeit in einem geeigneten Raum während der Pausenzeiten einzuräumen. Zudem ist der Umgang mit möglicherweise infektiösen Materialien, wie dies im Rettungsdienst der Fall sein kann, auszuschließen. Entsprechendes gilt für den Umgang mit Desinfektionsmitteln. Grundsätzlich besteht ein Beschäftigungsverbot für den Zeitraum von 6 Wochen vor und 8 Wochen nach der Entbindung. Eine Handlungshilfe für eine Gefährdungsbeurteilung kann als Anhang 3 dem Downloadbereich entnommen werden.

11.2 Kinder- und Jugendgruppen

Weil Kinder eher durch kreativ-spielerische Ansätze an die Aufgaben bei der Feuerwehr oder der jeweiligen Hilfsorganisation herangeführt werden können, bieten sich altersangemessene Methoden, die sich aus dem schulischen Bereich ableiten lassen, an. Vor dem Hintergrund der Erstellung von Gefährdungsbeurteilungen sollen die Kindergruppen innerhalb der Freiwilligen Feuerwehr bzw. der

11 Besondere Personengruppen

Hilfsorganisationen aufgrund des gesetzlichen Verbots der Kinderarbeit an dieser Stelle nicht weiter betrachtet werden.

Auf der Grundlage des Jugendarbeitsschutzgesetzes sind sowohl bei der Feuerwehr wie auch bei den Rettungsdienstorganisationen die entsprechenden Vorgaben bei der Beschäftigung von Personen unter 18 Jahren einzuhalten. Die Jugendlichen sollen bzw. dürfen mit zunehmendem Alter an den Umgang mit den jeweiligen Gefahren herangeführt werden. Damit die Jugendlichen eigene Erfahrungen machen können, ist ihnen ein eingängiges und verwendbares Handlungsmuster aufzuzeigen. Grundsätzlich sind die Jugendbetreuer in der Pflicht, Gefahrenquellen zu vermeiden. Um Gefahrenquellen ausschließen zu können, müssen diese im Zuge der Gefährdungsbeurteilung ermittelt werden.

Zu dieser Ermittlung gehören

- das Erfassen von möglichen Gefahren im Gebäude/Feuerwehrgerätehaus,
- das Erfassen der potentiellen Gefahren im Außenbereich,
- der Umgang mit Gefahren beim Heben und Tragen,
- der Umgang mit den organisationseigenen Arbeitsmitteln (Fahrzeuge und Geräte)
- und der Umgang mit möglichen Gefahren im Freizeitbereich.

Bei der Ermittlung ist festzustellen, ob beispielsweise Treppen oder Verkehrswege gefahrlos benutzt werden können, ob die Fenster, Glastüren oder Türen in Verbindungsgängen den Anforderungen entsprechen und gesicherte Einrichtungsgegenstände Verwendung finden.

Im Außenbereich muss eine Sicherung bestehen, die das Hineinlaufen in den fließenden Straßenverkehr verhindert. Stolperstellen müssen beseitigt und Gerätschaften gegen Umfallen gesichert sein. Praktische Übungen dürfen grundsätzlich nicht als Einsatzübungen angelegt sein und nur unter Vermeidung jeglichen Zeitdrucks entsprechend der körperlichen Konstitution der Jugendlichen stattfinden.

Beim Heben und Tragen wird das Muskel – Skelettsystem belastet. Durch die Vermittlung der Vorgehensweise zum richtigen Heben und Tragen können Belastungen vermieden und somit die Gesundheit der Jugendlichen geschützt werden. Arbeiten, welche die Leistungsfähigkeit der Jugendlichen überschreiten, sind verboten. Um ein Einschätzung der maximalen Gewichtsbelastung vornehmen zu können, kann man die »Hettinger-Tabelle« (Kompendium »Arbeitsschutzrecht«, 2007) heranziehen. Demnach dürfen bei gelegentlichem Heben und Tragen von Mädchen Lasten von maximal 15 kg und von Jungen Lasten von maximal 35 kg bewegt werden. Bei häufigem Heben und Tragen reduziert sich die maximale Last auf 10 kg bei Mädchen und 20 kg bei Jungen. Für die Beschäftigung von Jugendlichen in den Jugendgruppen der jeweiligen Organisation erscheint es sinnvoll, konkrete Gewichtsgrenzen vorzugeben, die von den Jugendlichen bezogen auf das jeweilige Alter bewegt werden dürfen; auf eine geschlechtsspezifische Unterscheidung sollte an dieser Stelle jedoch verzichtet werden. Unter Berücksichtigung des Sicherheitsaspekts können beispielsweise die folgenden Grenzen durch den Leiter der Feuerwehr oder der jeweiligen Hilfsorganisation festgelegt werden:

Jugendliche bis 15 Jahre: maximal 10 kg
Jugendliche zw. 15 und 18 Jahren maximal 15 kg
Jugendliche über 18 Jahre maximal 20 kg

Werden die Ausrüstungsgegenstände (Arbeitsmittel), die für die praktische Ausbildung und Übung zum Einsatz kommen, bezüglich ihres Eigengewichts mit einem Farbcode versehen, der sich auf die oben genannten maximalen Gewichte bezieht, und die Jugendlichen zu einem angemessenen persönlichen Verhalten angeleitet, sind gesundheitliche Belastungen auszuschließen. Der Farbcode kann sich beispielsweise an den Ampelfarben orientieren:

Grün maximal 10 kg
Gelb maximal 15 kg
Rot maximal 20 kg

Bei der Verwendung von organisationseigenen Fahrzeugen, beispielsweise als Transportmittel im Rahmen einer praktischen Übung, muss darauf geachtet werden, dass geeignete Rückhalteeinrichtungen vorhanden sind und die Jugendlichen sicher ins Fahrzeug einsteigen können.

Um die Jugendlichen an den Umgang mit Gefahren kontinuierlich heranzuführen, gilt es die Gefahren und deren Folgen zweifelsfrei zu beschreiben. Das beinhaltet, dass das erforderliche Verhalten der Jugendlichen herausgestellt wird und die Warnungen bzw. Belehrungen altersgerecht erfolgen. Hierbei ist es wichtig, sich davon zu überzeugen, dass die Warnungen und Belehrungen auch tatsächlich verstanden wurden und eingehalten werden. Das schließt die Einhaltung der Jugendschutzbestimmungen (Rauchverbot, Alkoholverbot etc.) ein.

11.3 Berufsanfänger und Berufseinsteiger

Berufsanfänger bzw. Berufseinsteiger bringen oft nur Erfahrungen aus dem schulischen Bereich oder einem erlernten Beruf, der bei den Berufsfeuerwehren Ausbildungsvoraussetzung ist, mit. Die Möglichkeit, dass Berufsanfänger bzw. Berufseinsteiger in einen Arbeits- oder Dienstunfall verwickelt werden, ist überaus wahrscheinlich, da sie sich in einem für sie noch unbekannten Arbeitsumfeld

11 Besondere Personengruppen

bewegen. Es fehlt ihnen an Erfahrung und der notwendigen Sensibilität für den Schutz der Gesundheit und der Sicherheit im Arbeitsumfeld bei der Feuerwehr oder im Rettungsdienst. Aufgrund von fehlenden Kenntnissen, Fähigkeiten oder Fertigkeiten der Berufsanfänger ist auch der Blick für potentielle Unfallgefahren noch nicht geschärft oder Vorgaben zum Arbeitsschutz sind noch nicht bekannt. Vor diesem Hintergrund haben die Ausbildungsverantwortlichen bzw. Ausbilder eine besondere Verantwortung, die Auszubildenden an ein sicherheitsgerechtes Verhalten unter Einhaltung von Sicherheitsvorkehrungen heranzuführen. Neben den physischen Gefährdungen gilt es ebenso die physischen Gefährdungen zu beachten. Das richtige, sicherheitsgerechte Verhalten soll Bestandteil der praktischen Ausbildung sein. Das beinhaltet u. a. auch den Hinweis auf die Ordnung am Arbeitsplatz, um Stolperunfällen oder Stürzen vorzubeugen.

Um Unfälle im Zusammenhang mit der Ausbildung grundsätzlich zu vermeiden bzw. präventiv vorzubeugen, sollte die Beantwortung der folgenden Fragen im Vordergrund stehen:

- Wie laufen die Arbeitsvorgänge und die Bedienung der Arbeitsmittel fach- und sachgerecht ab?
- Wo ist mit möglichen Fehlern zu rechnen?
- Was kann zur Gesundheitsgefährdung beitragen?
- Wo sind potentielle Verletzungsgefahren zu erwarten?

Die Erläuterungen und die Aufklärung der Berufsanfänger zu den mit der Ausbildung bzw. dem zukünftigen Beruf verbundenen Gefährdungen können im Rahmen von sog. Erstunterweisungen stattfinden, wobei sichergestellt sein muss, dass die Inhalte nachvollziehbar und verständlich vermittelt werden.

12 Merkmale einer Gefährdungsbeurteilung

Die Gefährdungsbeurteilung muss als Führungsinstrument verstanden werden. Hierbei wird das grundsätzliche Ziel verfolgt, potentielle Schwachstellen im Sinn des Arbeitsschutzes im Bereich des Zusammentreffens von Mensch und Technik zu identifizieren und die Risiken durch kontinuierliche Verbesserungen zu reduzieren.

Gefährdungsbeurteilung

Ziel: ist die kontinuierliche Verbesserung im Arbeitsschutz.
Grundsätzlich: Durch systematische Ermittlung und Bewertung von potentiellen Gefährdungen werden Maßnahmen zum Schutz der Beschäftigten festgelegt.
Maßnahmen: Unter Beachtung der Rangfolge erfolgt die Vermeidung bzw. Minimierung der Gefährdung.
Kontrolle: Durch Kontrolle soll die Umsetzung und der Erfolg der Maßnahmen überprüft werden.

Bei der Erstellung der Gefährdungsbeurteilung muss darauf geachtet werden, diese nicht mit der Erstellung einer betrieblichen Mängelliste zu verwechseln. Das Erkennen und das Veranlassen der Beseitigung von Mängeln, beispielsweise eines losen Handlaufs oder einer defekten Steckverbindung gehört zum routinemäßigen Ablauf des täglichen Arbeitslebens.

In Bezug auf die Planung, Durchführung und Umsetzung einer Gefährdungsbeurteilung ist es sinnvoll, bestimmte, inhaltliche Merkmale zu berücksichtigen bzw. zu beachten (Schneider, 2017). Diese Merkmale sind als Hinweise nachfolgend aufgeführt und in den weiteren, textlichen Ausführungen hervorgehoben.

- Berücksichtigung der wichtigsten Arbeitsplätze/Tätigkeiten
- Exakte Abgrenzung zw. Arbeitsplätzen/Tätigkeiten
- Beurteilung der Gefährdung
- Beachtung der Fachkunde
- Objektivität bei der Erstellung der Gefährdungsbeurteilung
- Anpassung, Berücksichtigung von Standards
- Festlegen von eindeutigen Schutzmaßnahmen
- Berücksichtigung von individuellen Besonderheiten
- Arbeitsmedizinische Vorsorge
- Aktualisierung

12 Merkmale einer Gefährdungsbeurteilung

- Dokumentation, nachvollziehbare und vollständige Gefährdungsbeurteilung
- Überprüfung der Wirksamkeit

Alle bei der Feuerwehr bzw. im Rettungsdienst **wichtigen Arbeitsplätze oder Tätigkeiten** werden berücksichtigt und kurz, z. B. mit Stichworten, beschrieben. Für die jeweiligen Arbeitsplätze bzw. Tätigkeiten liegen die Zuordnungen der substanziellen Gefährdungsfaktoren in Bezug auf Art und Umfang vor; diese wurden/werden bei der Gefährdungsbeurteilung berücksichtigt.

Eine exakte **Abgrenzung** zwischen Arbeitsplätzen oder zwischen Tätigkeiten ist vorgenommen und es liegt eine eindeutige Beschreibung der jeweiligen Arbeitsplätze/Tätigkeiten bei der Feuerwehr oder der Rettungsdienstorganisation vor.

Die in Frage kommenden Gefährdungsfaktoren sind in Bezug auf die Wahrscheinlichkeit und das Ausmaß eines zu erwartenden Schadens zutreffend bewertet. Aus der **Beurteilung** kann das Potential einer Gefährdung abgelesen werden. Nicht zweifelsfrei erkennbare bzw. zuzuordnende Einflüsse (z. B. mögliches individuelles Fehlverhalten durch Sorglosigkeit, Fahrlässigkeit etc.) bleiben unberücksichtigt.

Die Durchführung einer Gefährdungsbeurteilung zur systematischen Analyse aller potentiellen Gefährdungen setzt gemäß § 13 Abs. 2 Arbeitsschutzgesetz (ArbSchG) die notwendige **Fachkunde** voraus. Analog lautende Forderungen finden sich ebenfalls in § 3 Abs. 2 Arbeitsstättenverordnung (ArbStättV), in § 3 Abs. 3 Betriebssicherheitsverordnung (BetrSichV), § 4 Abs. 1 BioStoff-Verordnung (BioStoffV) oder in § 5 Lärm- und Vibrations-Arbeitsschutzverordnung (LärmVibrationsArbSchV).

Fachkundig ist eine Person, die über die erforderliche fachliche Qualifikation für die Wahrnehmung der übertragenen Aufgaben verfügt. Fachlich qualifiziert für den Bereich der Feuerwehr oder des Rettungsdienstes ist, wer die erforderliche Ausbildung zum Feuerwehrmann oder Notfallsanitäter bzw. Rettungsassistenten vorweisen kann, über eine entsprechende Erfahrung verfügt und die Tätigkeiten täglich oder zeitnah ausübt. Beispielsweise ist eine Person unter Berücksichtigung der Ausbildung und Erfahrung fachkundig in Fragen der Desinfektion von Rettungswagen, wenn sie ein naturwissenschaftliches Studium in Verbindung mit Erfahrungen in mikrobiologischen bzw. medizinischen Bereichen oder die entsprechende Ausbildung zum Desinfektor vorweisen kann. Hierbei ist es erforderlich, die erworbenen Fachkenntnisse auf einem aktuellen Stand der technischen oder wissenschaftlichen Erkenntnisse zu halten, um die entsprechenden Fortbildungsnachweise vorlegen zu können. Demgegenüber steht die Sachkunde, die zur Prüfung auf Einhaltung der relevanten Schutzvorschriften berechtigt.

Bild 20: *Beispiele für eine Abgrenzmarkierung*

Bild 21: *Beispiele für eine Abgrenzmarkierung*

Es ist jedoch nicht zwingend erforderlich, dass nur eine Person die Anforderungen der Fachkunde erfüllt. Wichtig ist, dass alle relevanten Fachkomponenten eingehalten bzw. berücksichtigt werden, was nahelegt, dass ein Kompetenzteam die Gefährdungsbeurteilungen erarbeitet. Selbstverständlich zählen die Fachkraft für Arbeitssicherheit und der zuständige Arbeitsmediziner ebenfalls zu den fachkundigen Personen.

Für den Aufgabenbereich der Feuerwehr bzw. des Rettungsdienstes liegen vielfach keine normierten Kriterien vor. Eine Beurteilung auf der Grundlage von

12 Merkmale einer Gefährdungsbeurteilung

 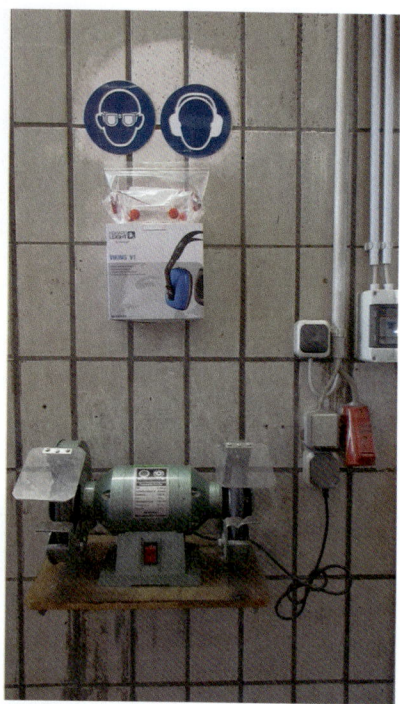

Bilder 22a und b: *Beispiele für eindeutige Schutzmaßnahmen*

bereits zur Verfügung stehenden Gefährdungsbeurteilungen oder wissenschaftlichen Grundlagen/Erkenntnissen ist nur eingeschränkt möglich. Dennoch muss man das Prinzip der **Objektivität** bei der Erstellung der Gefährdungsbeurteilung beachten.

Für solche Teilbereiche, für die bereits Schutzmaßnahmen beispielsweise in Technischen Regeln oder der Schriften der DGUV (Standards) formuliert sind, muss geprüft werden, ob eine **Anpassung** an die vorliegenden Strukturen bei der Feuerwehr/der Rettungsdienstorganisation erforderlich oder möglich ist.

Es sind **eindeutige Schutzmaßnahmen** festgelegt, die dazu geeignet sind, die ermittelten Gefährdungen zu vermeiden oder zumindest auf ein vertretbares Minimum zum Schutz und für die Sicherheit der Beschäftigten zu reduzieren.

Sowohl bei der Feuerwehr als auch in der Rettungsdienstorganisation gibt es Beschäftigte (Jugendliche) in den jeweiligen Jugendorganisationen, Berufseinsteiger

12   Merkmale einer Gefährdungsbeurteilung

bzw. sich in der Ausbildung befindliche Beschäftigte und selbstverständlich in einem mehr oder weniger hohen, prozentualen Anteil Frauen. Dementsprechend muss den **individuellen Besonderheiten** Rechnung getragen werden. Das bezieht sich auf bestimmte Personengruppen beispielsweise in Bezug auf ihre Leistungsvoraussetzungen, auf das Alter (Jugendliche bis 18 Jahre), auf den besonderen Schutz der Gesundheit (schwangere Frauen/stillende Mütter) oder auf die berufliche Erfahrung (Berufseinsteiger).

Die Organisation des Arbeitsschutzes vermittelt durch die **Arbeitsmedizinische Vorsorge** (Überprüfung der Tauglichkeit zum Tragen von Atemschutz, Postexpositionsprohylaxe, Impfungen, psych. Belastungen etc.) eine Grundlage, auf die bei der Gefährdungsbeurteilung zurückgegriffen werden kann. Die Notwendigkeit der Prävention aufgrund von potentiellen gesundheitsschädlichen Expositionen ist hiermit abgedeckt und einem Organisationsmangel entgegengewirkt.

Die Gefährdungsbeurteilung wird in vorgegebenen Zeitintervallen einer Überprüfung bzw. Revision unterzogen und entsprechend **aktualisiert**.

Aus der hinreichend ausführlichen **Dokumentation** der Gefährdungsbeurteilung kann abgelesen werden, welche Schutzmaßnahmen abgeleitet wurden und ob die **Wirksamkeit** der Maßnahmen gegeben ist bzw. in regelmäßigen Zeiträumen überprüft wurde. Der späteste Zeitpunkt der Umsetzung der festgelegten Maßnahmen und die verantwortliche Person sind in der Dokumentation zweifelsfrei festgelegt und dementsprechend eindeutig. Zudem ist gewährleistet, dass die Dokumentation der Gefährdungsbeurteilung für jeden Beschäftigten oder Dritten ohne weitere Erklärungen **nachvollziehbar und verständlich** ist.

Sind die rechtlichen Voraussetzungen bzw. die Vorgaben der Träger der Unfallversicherungen und die Merkmale der Gefährdungsbeurteilung eingehalten bzw. berücksichtigt, kann man davon ausgehen, dass die grundsätzlichen Anforderungen im Sinn des Arbeits- und Gesundheitsschutzes erfüllt sind.

13 Manuelle Lasthandhabung und körperliche Belastung

13.1 Allgemein

Die Arbeit bei der Feuerwehr oder im Rettungsdienst ist mit einer hohen körperlichen Belastung verbunden. Beispielhaft sei an dieser Stelle das Heben und Tragen von Lasten (feuerwehrtechnische oder medizintechnische Ausrüstung/Transport von Patienten mittels Tragestuhl bzw. Krankentrage) während der jeweiligen Einsätze genannt.

Gemäß § 2 der Lastenhandhabungsverordnung besteht für den Arbeitgeber die Verpflichtung, die Handhabung von Lasten bezüglich der möglichen Gefährdung der Gesundheit der Beschäftigten zu beurteilen. Zudem sind in diesem Zusammenhang die maximalen Lastgewichte für besondere Personengruppen zu beachten. Hierzu gehören z. B. werdende und stillende Mütter, für die gemäß § 4 Abs. 2 MuschG die genannten Grenzwerte einzuhalten sind.

Die manuelle Lastenhandhabung aber auch das Arbeiten in Zwangspositionen, beispielsweise beim Transfer von Patienten auf die Krankentrage bzw. in den Tragestuhl, führen zu einer erheblichen Beanspruchung des Muskel-Skelett-Systems. Das wird durch arbeitsmedizinische Erkenntnisse unterstrichen. Demnach ist der bei der Lastenhandhabung besonders betroffene Bereich des Bewegungsapparats der Rücken, speziell die Lendenwirbelsäule (DGAUM & GfA, 2013).

Zur manuellen Lastenhandhabung zählt das Heben, Halten und Tragen aber auch das Ziehen bzw. Schieben von Lasten unter Einsatz der menschlichen Körperkraft. Zu den erzwungenen Körperhaltungen, die arbeitsbedingt über einen längeren Zeitraum eingenommen werden müssen und nur eine geringe Möglichkeit zur Bewegung zulassen, gehören z. B. das Rumpfbeugen, aber auch das Hocken oder Knien sowie das manuelle Arbeiten über Schulterniveau (BGI 504-46).

Die Belastungen im Zusammenhang mit der Lastenhandhabung richten sich auf das gesamte Muskel-Skelett-System (BGI 504-46). Das bedeutet, dass der wirkenden äußeren Kraft in Form von Lastengewicht die Aktionskraft der Muskulatur des Körpers entgegengesetzt wird. Beim Heben, Halten oder Tragen muss im Wesentlichen durch die Muskulatur Kraft gegen die wirkenden Erdanziehungskräfte/Gewichtskraft der Last aufgebracht werden.

Die durch die Muskulatur aufgebrachte Aktionskraft führt zu einer Bewegung der Last oder zum Halten des Körpers in einer bestimmten (Zwangs-)Position. Übersteigt die Gewichtskraft der Last die Aktionskraft, lässt sich die Last mit Muskelkraft allein nicht bewegen. Entsprechend dem Newtonschen Prinzip ruft die Aktionskraft eine entsprechend hohe Reaktionskraft im Körper hervor, die auf biomechanischem Weg abgeführt wird. Damit die Muskulatur die jeweilige Arbeit verrichten kann, sind ein funktionierender Stoffwechselprozess und eine entsprechende Sauerstoffversorgung unabdingbar, was wiederum ein funktionierendes Herz-Kreislaufsystem voraussetzt.

Die Dimension und das Zeitintervall der wirkenden Aktions- und Reaktionskraft, aber auch einzunehmende Zwangspositionen sind als Gefährdungen für das Muskel-Skelettsystem anzusehen und können zu akuten (z. B. Zerrungen, Wirbelgelenksblockaden, etc.), zu chronischen (Dehnung der Bänder, Verschleiß der Bandscheiben, etc.) Schäden wie auch zu degenerativen Veränderungen der Wirbelsäule bzw. der Gelenke der Extremitäten führen (LASI, 2001).

13.2 Ergonomie

Im Rahmen der Prävention von arbeitsbezogenen Erkrankungen des Muskel-Skelett-Systems werden auch ergonomische Methoden eingesetzt. Ziel der Ergonomie ist dabei die Anpassung und Optimierung des Arbeitssystems an die Fähigkeiten und Bedürfnisse des Menschen, sodass sich eine Ermüdung der Beschäftigten während der Arbeit verlangsamt einstellt und gesundheitliche Gefahren auch bei langjähriger körperlicher Beanspruchung während der Arbeit verringert auftreten (Laurig, 1983).

Wenn es darum geht, die Entstehung von gesundheitlichen Gefahren durch ergonomische Methoden zu verhindern oder mindestens zu reduzieren, gilt es zu bedenken, dass eine Wechselwirkung zwischen unterschiedlichen Faktoren besteht. Das können neben den organisatorischen Faktoren (z. B. Optimierung der Arbeitsmittel bzw. der Arbeitsumgebung, Durchführung von Gefährdungsbeurteilungen, Einräumen von Handlungsspielräumen etc.) und den individuellen Faktoren (z. B. Entspannungsübungen, Handhabung von Stress, Art der Schutzkleidung usw.) auch Faktoren wie arbeitsbedingter Stress, persönliche Unzufriedenheit, psychischer Druck oder Alter sein (Bruder et al., 2007).

An dieser Stelle sei darauf hingewiesen, dass der Begriff Ergonomie mitunter falsch aufgefasst wird. Die Ergonomie bezieht sich dabei nicht auf einen konkreten Gegenstand, sondern umfasst das gesamte Arbeitssystem, auf die verwendeten Arbeitsmittel, die Arbeitsplätze, die Arbeitsumgebung, die Arbeitsorganisation wie auch auf den Ausbildungs- und Wissensstand der Beschäftigten.

Die beruflichen Tätigkeiten bei der Feuerwehr oder im Rettungsdienst können z. B. an der Schnittstelle von Mensch und Arbeitsmittel zu starken Beanspruchungen des Muskel-Skelett-Systems führen. Dementsprechend muss im Rahmen der Prävention der ergonomischen Gestaltung des Arbeitsmittels im Kontext der Arbeitsaufgabe eine besondere Beachtung geschenkt werden. Es ist nicht zielführend ein für die Feuerwehr oder den Rettungsdienst geeignetes Arbeitsmittel zu beschaffen, wenn eine Untersuchung der Schnittstelle zwischen Mensch und Arbeitsmittel im Arbeitssystem unterblieben ist. Die Bewertung der potentiellen Gefährdungen erfolgt im Rahmen einer Gefährdungsbeurteilung (TRBS 1151).

Aus Untersuchungen des Zusammenhangs von Arbeitsbedingungen und Erkrankungen des Muskel-Skelett-Systems ist bekannt, dass Überlastung oder Fehlhaltungen, z. B. aufgrund falscher Hebe- und Tragetechniken, wie auch einseitige oder körperlich schwere Arbeit für eine beschleunigte Degeneration der Wirbelsäule oder einen Bandscheibenvorfall als Auslöser in Frage kommen (Pope et al., 2002; van Tulder & Koes, 2003; Buckle & Deveraux, 1999). Weitere Forschungsergebnisse haben ergeben, dass das Risiko für eine biomechanische Überlastung der unteren Wirbelsäule durch eine angepasste Gestaltung des Arbeitsplatzes sowie die Art und Weise der Arbeitsausführung verringert werden kann (Jäger, 2014; 2015).

Das Ineinandergreifen von individuellem, gesundheitsförderlichem Verhalten und ergonomischen Maßnahmen bzw. Hilfsmitteln ist im Rahmen der Prävention eine wesentliche Voraussetzung für den Erhalt der Gesundheit der Beschäftigten (Anema et al., 2004; Pfeifer, 2004; Bös et al., 2002).

13.3 Leitmerkmalmethode

Um die Belastungen im Rahmen der manuellen Lastenhandhabung zu ermitteln, finden in Abhängigkeit von der zu erzielenden Genauigkeit unterschiedliche Methoden eine Anwendung. Es handelt sich beispielsweise um Methoden, die an Hochschulen oder Instituten zur Anwendung kommen und auf einen wissenschaftlichen Hintergrund ausgelegt sind. Diese Experten- bzw. Wissenschaftsmethoden (Waters et al., 1993; Jäger et al.,1998) sind für die Anwendung zur Risikoabschätzung bei der Feuerwehr oder im Rettungsdienst wenig praxistauglich.

Als eine praxistaugliche Methode für Feuerwehr und Rettungsdienst zur Abschätzung der Belastung der Arbeitsbedingungen auf der Grundlage der Lastenhandhabungsverordnung (LasthandhabV) bietet sich die Leitmerkmalmethode an (Steinberg & Windberg, 1997), die zu den sog. Screening-Methoden zu rechnen und vom NIOSH-Verfahren (Waters et al., 1993, Jäger et al.,1998) abgeleitet ist.

13.3 Leitmerkmalmethode

Im Rahmen der Leitmerkmalmethode kann unter Berücksichtigung der Merkmale »Zeitliche Dauer« (wie häufig und wie lange), »Gewicht der zu bewegenden Last«, »Körperhaltung des Beschäftigten« und »Bedingungen der Ausführung« die Belastung analog der Gefährdungsbeurteilung abgeschätzt werden. Den genannten Merkmalen werden dabei im Zuge einer Wichtung jeweils Punktwerte zugewiesen. Dabei werden die Werte für die Last, die Haltung und die Ausführungsbedingungen addiert und die Summe mit dem Wichtungswert für die Zeit multipliziert. Der sich daraus ergebende Wert kann einem Risikobereich zugewiesen werden, der dann analog der Gefährdungsbeurteilung die entsprechenden Maßnahmen zur Konsequenz hat. Der Vorteil der Leitmerkmalmethode liegt darin, dass bei Kenntnis der jeweiligen Tätigkeit bzw. der genauen Betriebsabläufe eine Risikoabschätzung ohne aufwendige Messmethoden möglich ist.

Die einzelnen Schritte der Leitmerkmalmethode zur Beurteilung der Tätigkeiten Heben, Halten und Tragen (BAuA, 2001) sind nachfolgend beschrieben.

Die Bewertung des Merkmals »Zeitliche Dauer« erfolgt anhand der pro Arbeitstag durchgeführten Teilmerkmale »Heben der Last«, »Halten der Last« und »Tragen der Last«. Hierbei wird nur das hauptsächlich bestimmende Teilmerkmal ausgewählt. Die Punktwerte für die genannten Teilmerkmale sind in Tabelle 2 wiedergegeben. Als Grenzwerte werden für das Heben der Last weniger als 5 Sekunden, für das Halten mehr als 5 Sekunden und für die Strecke der getragenen Last mehr als 5 m angenommen.

Tabelle 2: *Festlegung der Bewertung »zeitliche Dauer« in Anlehnung an (BAuA, 2001)*

Heben der Last (< 5 s)		Halten der Last (> 5 s)		Tragen der Last (> 5 m)	
Anzahl der Hebevorgänge pro Arbeitstag	Punktwert	Gesamtzeitspanne pro Arbeitstag	Punktwert	zurückgelegter Weg pro Arbeitstag	Punktwert
< 5	1	≤ 5 min	1	< 0,5 km	1
5 bis ≤ 35	2	6 bis 20 min	2	0,5 bis 1,5 km	2
36 bis ≤ 70	4	21 bis 60 min	4	1,5 bis 4,5 km	4
71 bis ≤ 140	6	60 bis 120 min	6	4,5 bis 9,0 km	6
141 bis ≤ 280	8	120 bis 240 min	8	9 bis 18,0 km	8
> 280	10	≥ 240 min	10	≥ 18 km	10

13 Manuelle Lasthandhabung und körperliche Belastung

Für das Merkmal »Gewicht der Last« erfolgt eine für Männer und Frauen getrennte Betrachtung. Die Last, die individuell bei der Handhabung durch manuelle Muskelkraft kompensiert werden muss, bezeichnet man als »wirksame Last« und hat für Männer und Frauen einen unterschiedlichen, empfohlenen Höchstwert. Dieser beträgt bei Männern 40 kg und bei Frauen 25 kg. Für die Ermittlung des Punktwertes für die »bewegte Last« (vgl. Tabelle 3) werden bei der Handhabung von unterschiedlich hohen wirksamen Lasten innerhalb einer Arbeits- bzw. Dienstschicht der Mittelwert der Gewichte abgeschätzt.

Tabelle 3: *Festlegung der Bewertung »Gewicht der zu bewegenden Last« in Anlehnung an (BAuA, 2001)*

wirksame Last (Männer)	Punktwert »Last«	wirksame Last (Frauen)	Punktwert »Last«
< 5 kg	1	< 2,5 kg	1
5 bis < 10 kg	2	2,5 bis < 5 kg	2
10 bis < 20 kg	3	5 bis < 10 kg	3
20 bis < 30 kg	6	10 bis < 15 kg	6
30 bis < 40 kg	8	15 bis < 25 kg	8
≥ 40 kg	24	≥ 25 kg	24

Für die Ermittlung des Werts für das Merkmal »Körperhaltung« werden die möglichen Körperhaltungen mit vier Bewertungsgrößen belegt, wobei die ungünstigste Körperhaltung den Wert 8 zugewiesen bekommt (vgl. Tabelle 4). Detaillierte Hinweise zur Beurteilung der Körperhaltung vor dem Hintergrund der Ergonomie liefern auch die entsprechenden Ergonomie-Normen (DIN EN 1005 Teil 1 bis Teil 4; DIN EN 614 Teil 1 bis Teil 2) wie auch die Empfehlungen der DGUV (DGUV Information 209-068; DGUV Information 209-069).

13.3 Leitmerkmalmethode

Tabelle 4: Bewertung »Haltung« in Anlehnung an (BauA, 2001)

Position des Körpers und der transportierten Last	Punktwert »Haltung«
nicht verdrehter und aufrechter gehaltener Oberkörper, die zu transportierende Last wird eng am Körper getragen	1
leicht verdrehter und/oder leicht vorgebeugter Oberkörper, die zu transportierende Last wird körpernah oder eng am Körper getragen	2
tief vorgebeugter Oberkörper (bücken) oder tief gebeugte Knie (hocken), verdrehter und leicht vorgebeugter Oberkörper, die Last wird weit vorhaltend, körperfern oder über Schulterniveau getragen bzw. gehalten	4
verdrehter und weit vorgebeugter Oberkörper, die Last wird weit vorhaltend, körperfern getragen, beim Stehen ist die körperliche Stabilität stark eingeschränkt, es muss eine hockende bzw. kniende Position eingenommen werden	8

Die Leitmerkmalmethode sieht für die Bedingungen der Ausführung der Lasthandhabung die drei Bewertungskriterien »günstig«, »ungünstig« und »besonders ungünstig« mit den entsprechenden Zahlenwerten vor (vgl. Tabelle 5). Über die Dauer einer Einsatzdienstschicht sind die überwiegenden Ausführungsbedingungen zu betrachten, d. h. es ist grundsätzlich der Mittelwert über die Zeit zu wichten.

Tabelle 5: Bewertung der Ausführung in Anlehnung an (BAuA, 20001)

Ausführungsbedingungen	Punktwert »Ausführung«
Es liegen gute ergonomische Arbeitsbedingungen vor: am Arbeitsort ist ausreichend Bewegungsraum (Platz) vorhanden, der Arbeitsbereich ist frei von Hindernissen, der Boden ist eben, es besteht keine Gefahr des Ausrutschens, es liegen gute Sichtverhältnisse (ausreichende Beleuchtung) vor	0

Manuelle Lasthandhabung und körperliche Belastung

Tabelle 5: *Bewertung der Ausführung in Anlehnung an (BAuA, 20001) – Fortsetzung*

Ausführungsbedingungen	Punktwert »Ausführung«
Es liegen erschwerende ergonomische Arbeitsbedingungen und eine Beschneidung der Bewegungsfreiheit vor: weicher, unebener Untergrund/Boden am Arbeitsort, Einschränkung durch zu geringe Deckenhöhe/Raumhöhe, Beschränkung der Arbeitsfläche (< 1,5 m²)	1
die Bewegungsmöglichkeit ist in einem sehr hohen Maß eingeschränkt und/oder die Lage des Lastschwerpunkts (Transport/Transfer eines Patienten) ist unsicher	2

Zur Bewertung des Risikos bei der Lastenhandhabung summiert man die Punktwerte für das Gewicht der Last, der Körperhaltung und der Ausführung der Lasthandhabung. Die resultierende Zwischensumme wird mit dem Punktwert der zeitlichen Dauer multipliziert. Der sich aus dem mathematischen Produkt ergebende Risiko-Punktwert kann dann einem entsprechenden Risikobereich (Risikobereich 1 bis 4) zugeordnet und als eine grobe Bewertung verstanden werden. Die rechtlichen Vorgaben (z. B. Mutterschutzgesetz) sind zu berücksichtigen.

Gewicht der Last:	Punktwert »Last«
Körperhaltung:	Punktwert »Haltung«
Ausführungsbedingungen:	Punktwert »Ausführung«
Ergebnis:	Zwischensumme

Zwischensumme × Wert »zeitliche Dauer« = **Risiko-Punktwert**

Die Zuordnung der Risiko-Punktwerte zu den jeweiligen Risikobereichen ist in Tabelle 6 aufgeführt. Die Risikobereiche 1 und 2 können den Risikoklassen 1 und 2 der Gefährdungsbeurteilung gleichgesetzt werden; dementsprechend sind der Risikobereich 1 und 2 im Kontext des sogenannten Restrisikos anzusiedeln. Der Risikobereich 3 der Leitmerkmalmethode entspricht dem Grenzrisiko und der Risikobereich 4 ist der Risikoklasse 4 der Gefährdungsbeurteilung gleichzusetzen.

In dem Risikobereich 1 und 2 (unterhalb des Grenzrisikos) sind aufgrund der geringen Belastungen keine körperlichen Überbeanspruchungen zu erwarten und dementsprechend im Allgemeinen keine Maßnahmen zur Verringerung der Belastung

13.3 Leitmerkmalmethode

notwendig, sofern nicht vermindert belastbare Beschäftigte betroffen sind[1]). Im Bereich des Grenzrisikos (Risikobereich 3) sind neben organisatorischen auch individuelle Lösungen zur Reduzierung der Belastung zu prüfen. Hier können neben der Reduzierung der zu handhabenden Last oder der zeitlichen Dauer auch die Bedingungen der Ausführung zu einer Reduzierung des Risikos beitragen. Für den Risikobereich 4 sind technische und/oder organisatorische Maßnahmen erforderlich (Steinberg et al., 2007).

Tabelle 6: Zuordnung der Risiko-Punktwerte in Anlehnung an (BAuA, 2001)

Risikobereich	Risiko – Punktwert	Beschreibung
1	< 10	**Geringe Belastung**, eine Gefährdung der Gesundheit aufgrund zu hoher körperlicher Beanspruchung ist nicht zu erwarten
2	10 bis < 25	**Erhöhte Belastung**, eine zu hohe körperliche Beanspruchung kann bei eingeschränkt belastbaren Personen auftreten; für diese Beschäftigten sind Schutzmaßnahmen indiziert.
3	25 bis < 50	**Wesentlich erhöhte Belastung**, die Möglichkeit zu hohen körperlichen Beanspruchung besteht auch für normal belastbare Beschäftigte; hier können technische, organisatorische und/oder persönliche Schutzmaßnahmen erforderlich sein
4	≥ 50	**Hohe Belastung**, mit dem Eintreten einer körperlichen Überbeanspruchung ist zu rechnen; es müssen technische und/oder organisatorische Schutzmaßnahmen eingeleitet werden

Nachfolgend soll an einem Beispiel, dem Transport/Transfer eines Patienten mit einer Trage/einem Tragestuhl durch den Treppenraum zum Rettungsmittel, die Leitmerkmalmethode verdeutlicht werden.

Im Rettungsdienst muss bei einem notwendigen Liegend-/Sitzend-Transport der Patient als Last im Sinn der LasthandhabV betrachtet werden. In dem betrachteten

---

1 Vermindert belastbare Personen = Beschäftigte, die älter als 40 oder jünger als 21 Jahre alt, Berufseinsteiger oder aufgrund einer Erkrankung leistungsgemindert sind (BAuA, 2001)

13 Manuelle Lasthandhabung und körperliche Belastung

Beispiel findet der Transfer des Patienten in den Tragestuhl/auf die Trage aufgrund der Auffinde-Situation bzw. der Beschaffenheit der Wohnverhältnisse unter beengten räumlichen Verhältnissen statt. Weiterhin sind auch grundsätzliche, ergonomische Rahmenbedingungen wie ein enger Treppenraum, eingeschränkte Sichtverhältnisse durch eine ungeeignete Beleuchtung oder Türschwellen bzw. Podeststufen wie auch geneigte Ebenen im Zugangsbereich des Wohnhauses zu berücksichtigen.

In § 2 Abs. 1 der LasthandhabV wird im Zusammenhang mit der Handhabung von Lasten erläutert, dass Gefährdungen der Gesundheit von Beschäftigten »insbesondere des Lendenwirbelbereichs« zu vermeiden sind. Der Zusatz »insbesondere« legt nahe, dass u. a. auch eine Gefährdung für die Halswirbelsäule, den Schultergürtel, die Gelenke der unteren Extremitäten wie auch der Muskeln bzw. Sehnen bestehen kann.

Innerhalb einer 24-Stunden-Einsatzdienstschicht werden in dem betrachteten Beispiel 12 Einsätze von einer Rettungswagenbesatzung durchgeführt. Von diesen 12 Einsätzen erfordern 5 Einsätze den Transport des Patienten mit dem Tragestuhl bzw. mit der Trage. Für die Bestimmung des Punktwerts »zeitliche Dauer« wird der Vorgang des Haltens des Tragestuhls/der Trage als das wesentliche Teilmerkmal angenommen. Das Halten des Tragestuhls/der Trage nimmt für die genannten Transportvorgänge jeweils 5 bis 10 Minuten in Anspruch. Für das Halten länger als 5 Sekunden ergibt sich für die Gesamtdauer einer Einsatzdienstschicht eine Gesamtzeit zwischen 25 und 50 Minuten, was einem Wichtungswert 4 entspricht (vgl. Tabelle 7).

13.3 Leitmerkmalmethode

Tabelle 7: *Beispiel »Bewertung zeitliche Dauer«*

Heben der Last (< 5 s)		Halten der Last (> 5 s)		Tragen der Last (> 5 m)	
Anzahl der Hebevorgänge pro Arbeitstag	Punktwert	Gesamtzeitspanne pro Arbeitstag	Punktwert	zurückgelegter Weg pro Arbeitstag	Punktwert
< 5	1	≤ 5 min	1	< 0,5 km	1
5 bis ≤ 35	2	6 bis 20 min	2	0,5 bis 1,5 km	2
36 bis ≤ 70	4	21 bis 60min	4	1,5 bis 4,5 km	4
71 bis ≤ 140	6	60 bis 120 min	6	4,5 bis 9,0 km	6
141 bis ≤ 280	8	120 bis 240 min	8	9 bis 18,0 km	8
> 280	10	≥ 240 min	10	≥ 18 km	10

Bei einem zu transportierenden Patienten mit einem durchschnittlichen Gewicht von 76 kg ergibt sich für das Kopf-/Fußende des Tragestuhls/der Trage ein durchschnittlicher Wert von 38 kg Last. Die wirksame Last liegt damit zwischen 30 und 40 kg, was für die Last einem Punktwert von 8 entspricht (vgl. Tabelle 8).

Tabelle 8: *Beispiel »Bewertung Last«*

wirksame Last (Männer)	Punktwert »Last«	wirksame Last (Frauen)	Punktwert »Last«
< 5 kg	1	< 2,5 kg	1
5 bis < 10 kg	2	2,5 bis < 5 kg	2
10 bis < 20 kg	3	5 bis < 10 kg	3
20 bis < 30 kg	6	10 bis < 15 kg	6
30 bis < 40 kg	8	15 bis < 25 kg	8
≥ 40 kg	24	≥ 25 kg	24

Beim Transfer des Patienten sowie bei seinem Transport kommen für die Bestimmung der Bewertung der Körperhaltung alle in Tabelle 4 genannten Kriterien in Betracht. Dementsprechend wird hier mit 3,75 der Mittelwert für die Körperhaltung gebildet (vgl. Tabelle 9).

13 Manuelle Lasthandhabung und körperliche Belastung

Tabelle 9: *Beispiel »Bewertung der Körperhaltung«*

Position des Körpers und der transportierten Last	Punktwert »Haltung«
nicht verdrehter und aufrechter gehaltener Oberkörper, die zu transportierende Last wird eng am Körper getragen	1
leicht verdrehter und/oder leicht vorgebeugter Oberkörper, die zu transportierende Last wird körpernah oder eng am Körper getragen	2
tief vorgebeugter Oberkörper (bücken) oder tief gebeugte Knie (hocken), verdrehter und leicht vorgebeugter Oberkörper, die Last wird weit vorhaltend, körperfern oder über Schulterniveau getragen bzw. gehalten	4
verdrehter und weit vorgebeugter Oberkörper, die Last wird weit vorhaltend, körperfern getragen, beim Stehen ist die körperliche Stabilität stark eingeschränkt, es muss eine hockende bzw. kniende Position eingenommen werden	8

Aufgrund der eingeschränkten Bewegungsmöglichkeiten und der ungeeigneten ergonomischen Voraussetzungen wird die Bewertung für die Ausführungsbedingungen mit dem Wert 1 belegt (vgl. Tabelle 10).

Tabelle 10: *Beispiel »Bewertung der Ausführung«*

Ausführungsbedingungen	Punktwert »Ausführung«
Es liegen gute ergonomische Arbeitsbedingungen vor: am Arbeitsort ist ausreichend Bewegungsraum (Platz) vorhanden, der Arbeitsbereich ist frei von Hindernissen, der Boden ist eben, es besteht keine Gefahr des Ausrutschens, es liegen gute Sichtverhältnisse (ausreichende Beleuchtung) vor	0
Es liegen erschwerende ergonomische Arbeitsbedingungen und eine Beschneidung der Bewegungsfreiheit vor: weicher, unebener Untergrund/Boden am Arbeitsort, Einschränkung durch zu geringe Deckenhöhe/Raumhöhe, Beschränkung der Arbeitsfläche (< 1,5 m²)	1

13.3 Leitmerkmalmethode

Tabelle 10: *Beispiel »Bewertung der Ausführung« – Fortsetzung*

Ausführungsbedingungen	Punktwert »Ausführung«
die Bewegungsmöglichkeit ist in einem sehr hohen Maß eingeschränkt und/oder die Lage des Lastschwerpunkts (Transport/Transfer eines Patienten) ist unsicher	2

Für die Bewertung der Lasthandhabung beim Transfer/Transport eines Patienten im Rettungsdienst ergibt sich somit der folgende Wert:

Gewicht der Last: 8,00
Haltung: 3,75
Ausführungsbedingungen: 1,00
Ergebnis: 12,75

12,75 × 4 = **51**

Der ermittelte Risiko-Punktwert »51« kann dem Risikobereich 4 zugeordnet werden. Aus dieser Gefährdungsabschätzung kann abgeleitet werden, dass technische, organisatorische und/oder persönliche Maßnahmen eingeleitet werden müssen.

Gemäß dem Arbeitsschutzgesetz folgen die aus dem Bewertungsergebnis nach der Lastmerkmalmethode abzuleitenden Maßnahmen dem STOPP-Prinzip. Mit Blick auf das gewählte Beispiel ist eine Vermeidung (Substitution) von einem Transfer/Transport eines Patienten auf der Grundlage der im Rahmen der gültigen Brandschutz- und Hilfeleistungsgesetze bzw. der Rettungsgesetze an die Feuerwehren/den Rettungsdienst herangetragenen Aufgaben nur schwer möglich. Daher müssen technische Maßnahmen, wie elektrisch verstellbare Hilfsmittel zur Vermeidung bzw. Reduzierung der Belastung des Muskel-Skelett-Systems geprüft werden. Für den Transport eines Patienten mit einem Tragestuhl zum Rettungsmittel kommt beispielsweise ein sogenannter elektrischer Treppensteiger, der möglicherweise bei Tragestühlen nachgerüstet werden kann, in Betracht.

Mit Hilfe einer hydraulischen Hebeeinrichtung kann ein in einem Tragestuhl sitzend transportierter Patient von den Beschäftigten sehr rückenschonend in das Rettungsmittel eingeladen werden. Auf der organisatorischen Seite bieten sich als Maßnahmen die Gestaltung der Arbeitsabläufe, ein angepasstes Dienstzeitmodell oder die Berücksichtigung der individuellen, körperlichen Konstitution an. Um Arbeitsabläufe zweckmäßig unter ergonomischen Gesichtspunkten zu gestalten, gilt es diese entsprechend zu analysieren. Durch den Einsatz der vor Ort zur

13 Manuelle Lasthandhabung und körperliche Belastung

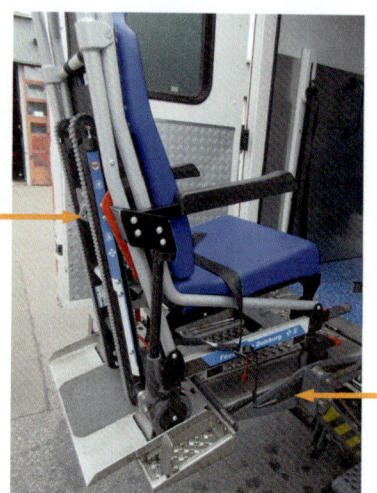

Bild 23: *Elektrischer Treppensteiger auf einer hydraulischen Hebeeinrichtung*

Verfügung stehenden Hilfsmittel wie Duschtücher oder Bettlaken kann ein Patient aus einer beengten Situation befreit werden. Mit einer entsprechenden Hebetechnik kann der Patient rückenschonender auf den Tragestuhl/die Krankentrage transferiert werden. Zu den organisatorischen Maßnahmen gehören auch die regelmäßigen Informationen und Unterweisungen der Beschäftigten zum Thema »Heben und Tragen« und die Auswahl von geeigneter PSA. Die persönlichen bzw. personenbezogenen Maßnahmen zeichnen sich im Vergleich zu den technischen bzw. organisatorischen Maßnahmen durch einen geringeren Wirkungsquotienten aus, weil vielfach die Übungs- und Trainingszeiten nicht in dem erforderlichen Umfang zur Umsetzung kommen.

14 Gefährdungsbeurteilung in 7 Schritten

Mit Blick auf die Systematik und die möglichst umfassende Erstellung einer Gefährdungsbeurteilung empfiehlt sich eine analoge Vorgehensweise, wie sie aus dem Ablauf des Regelkreises des Führungsvorgangs gemäß Feuerwehrdienstvorschrift 100, FwDV 100 bekannt ist, auch für die Durchführung der Gefährdungsbeurteilung. Das logische, planvolle und strukturierte Vorgehen bei der Erstellung von Gefährdungsbeurteilungen bei der Feuerwehr oder im Rettungsdienst ist erforderlich, um die relevanten Arbeitsvorgänge/-abläufe, die Arbeitsplätze oder Arbeitsmittel vollständig zu erfassen. Hier ist es sinnvoll das nachfolgend beschriebene Vorgehen bei der Durchführung bzw. der Erstellung einer Gefährdungsbeurteilung anzuwenden, wobei sich wie in Bild 24 dargestellt grundsätzlich 7 Schritte beschreiben lassen.

Alternativ kann der Ablauf einer Gefährdungsbeurteilung aber auch als Ablaufdiagramm (vgl. Bild 25) dargestellt werden.

Auf der Grundlage der in den Bilder 24 und 25 dargestellten Abläufe lassen sich die potentiellen Gefährdungen erfassen und in einer Gefährdungsbeurteilung umfänglich darstellen.

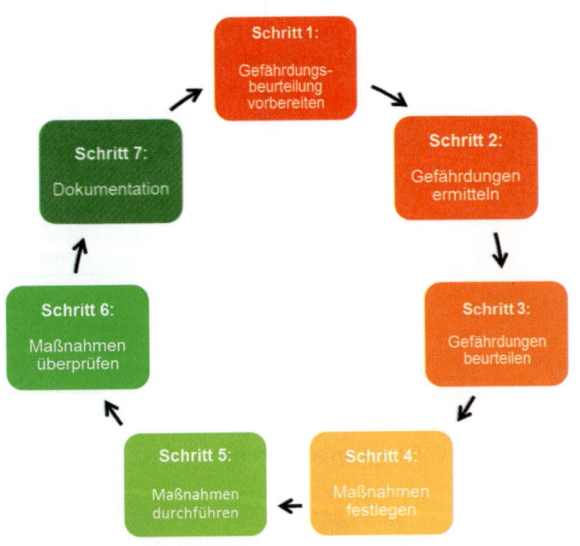

Bild 24: *Durchführung der Gefährdungsbeurteilung in 7 Schritten*

14 Gefährdungsbeurteilung in 7 Schritten

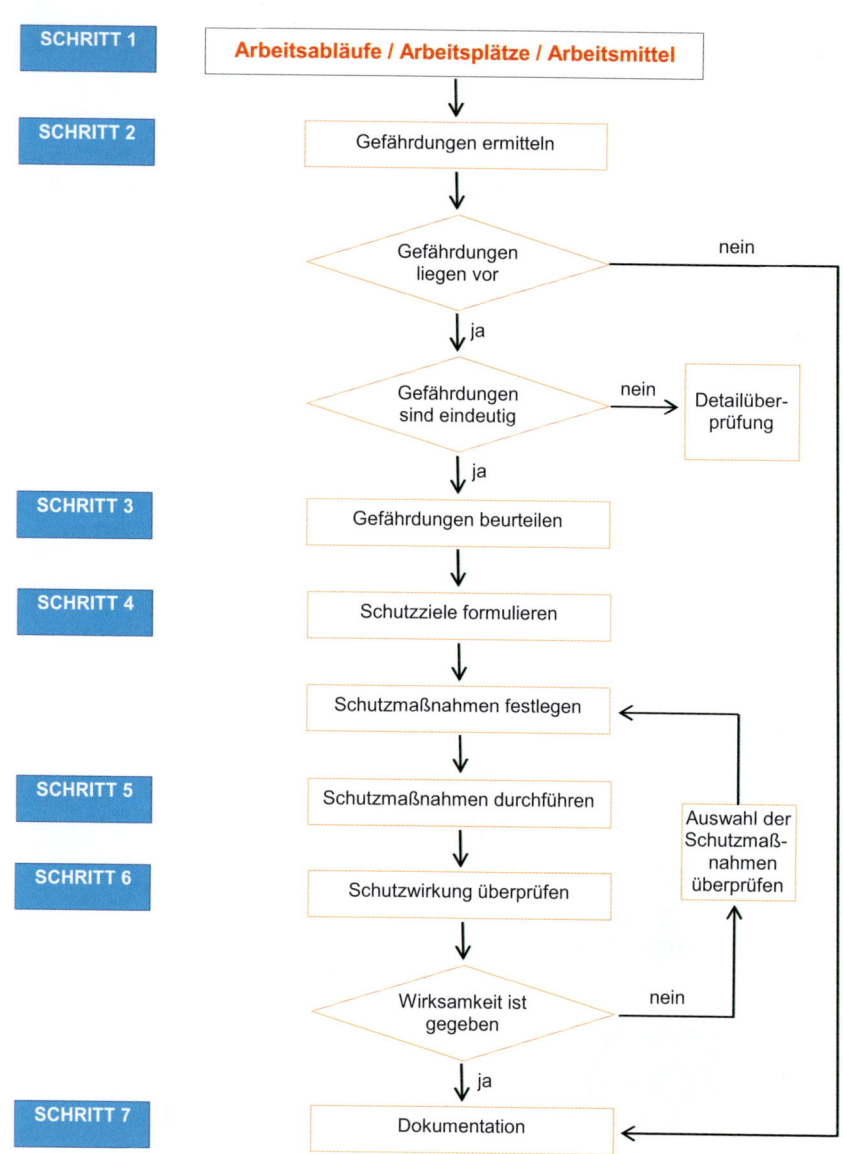

Bild 25: *Ablaufdiagramm Gefährdungsbeurteilung*

14.1 Schritt 1: Gefährdungsbeurteilung vorbereiten

Bevor mit der erstmaligen Erstellung der Gefährdungsbeurteilung für einzelne Arbeitsvorgänge/-abläufe oder Arbeitsmittel begonnen wird, sind möglicherweise Gliederungen erforderlich und eine strukturelle Erfassung der einzelnen Bereiche (Betrachtungseinheiten) und die Festlegung der Verantwortlichkeit für den jeweiligen Bereich sinnvoll.

Für die grundsätzlichen Festlegungen der Betrachtungseinheiten bietet sich als Grundlage das Organigramm, die grafische Darstellung der Aufbauorganisation der Feuerwehr oder des Rettungsdienstes, an. Auf diese Weise bekommt man einen Überblick über die den Arbeits- oder Betriebsstätten zugeordneten Arbeitsbereiche, denen wiederum die jeweiligen Arbeitsvorgänge bzw. Arbeitsprozesse und die entsprechenden Arbeitsmittel zugeordnet werden können. Bei gleichartigen Arbeitsprozessen oder Arbeitsmitteln innerhalb einer Arbeitsstätte ist es möglich, diese zu einer Gruppe zusammenzufassen.

An dem folgenden Beispiel lässt sich die strukturelle Erfassung verdeutlichen:

Die Feuerwachen, Feuerwehrgerätehäuser oder Rettungswachen stellen die **Arbeits- oder Betriebsstätten** dar.
- Den Arbeits- oder Betriebsstätten sind die **Arbeitsbereiche** (z. B. die Werkstätten oder Fachbereiche) zugeordnet.
    - Instandsetzungsarbeiten oder die Vermittlung von Ausbildungsinhalten stellen **Arbeitsvorgänge bzw. Tätigkeiten** dar.
    - Feuerwehrfahrzeuge, Rettungsmittel, feuerwehrtechnische bzw. medizinische Geräte oder Werkzeug fallen unter die **Arbeitsmittel**.

Die Verantwortung für die Durchführung der Gefährdungsbeurteilung in den jeweiligen Arbeitsbereichen liegt basierend auf dem Organigramm bzw. dem Geschäftsverteilungs-/Stellenplan bei dem Leiter des Fachbereichs oder der jeweiligen Werkstatt als zuständige Führungskraft.

Eine Möglichkeit, eine Übersicht über die Festlegung von Betrachtungsbereichen zu erhalten bzw. zu behalten, damit keine Arbeitsbereiche, Arbeitsvorgänge oder Arbeitsmittel übersehen werden, ist in Bild 26 wiedergegeben. Das dazugehörige Arbeitsblatt »Festlegung von Betrachtungseinheiten« ist im Downloadbereich (Anhang 1) dargestellt.

14 Gefährdungsbeurteilung in 7 Schritten

Arbeits- / Betriebsstätte: _____
(Feuerwache, Rettungswache, Gerätehaus)

Arbeitsbereich: _____
(Werkstätten, Fachbereiche)

Verantwortlichkeit: _____
(Name der Führungskraft / des Beschäftigten)

lfd. – Nr.	Arbeitsplatz / -mittel / Tätigkeit	lfd. – Nr.	Arbeitsplatz / -mittel / Tätigkeit

Bild 26: *Festlegung der Betrachtungseinheiten*

Gleichartige Fahrzeuge, feuerwehrtechnische oder medizintechnische Geräte, Werkzeuge oder Arbeitsvorgänge können jeweils in einer Gruppe zusammengefasst und zusammen betrachtet werden (vgl. Kapitel 8). Das bedeutet, dass beispielsweise mehrere Sätze von hydraulischen Schneid-/Spreizgeräten oder Defibrillatoren eines Herstellers, die auf mehreren Löschfahrzeugen bzw. Rettungsmitteln gelagert sind, als Gruppe zusammengefasst in einer Gefährdungsbeurteilung betrachtet werden können (§ 5 Abs. 2 ArbSchG).

Die für den Betrachtungsbereich zuständige Führungskraft kann sich bei der Erstellung der Gefährdungsbeurteilung der Hilfe und Beratung durch die Fachkraft für Arbeitssicherheit oder den Arbeitsmediziner bedienen. Bei einer erstmalig vorgenommenen Gefährdungsbeurteilung ist das Fachwissen der Fachkraft für Arbeitssicherheit wie auch die des Arbeitsmediziners von größerer Bedeutung als bei einer Revision einer bestehenden Gefährdungsbeurteilung. Aber auch die Kenntnisse und Erfahrungen der Sicherheitsbeauftragten wie auch die der Beschäftigten sind bei der Erstellung der Gefährdungsbeurteilung von Nutzen, denn sie verfügen über die Kenntnisse aus der täglichen Praxis. Aufgrund der praktischen Erfahrungen liefern die Beschäftigten wertvolle Hinweise zur Verbesserung. Sofern die Feuerwehr oder die

14.1 Schritt 1: Gefährdungsbeurteilung vorbereiten

Rettungsdienstorganisation über eine Personalvertretung verfügt, ist ihre Mitwirkung einzufordern.

Als weitere Informationsquellen sind die internen Unterlagen für das Identifizieren und die Analyse von Gefährdungen von Bedeutung.

Beispiele für weitere Informationsquellen können z. B. die nachfolgend aufgeführten internen Unterlagen sein:
- Hinweise des Arbeitsmediziners beispielsweise zum Hautschutz, zur Auswahl von Einmalhandschuhen (Feuchtarbeitsplatz), etc.
- Erkenntnisse aus der Auswertung von Dienst-/Arbeitsunfällen
- Berichte zur Unfalluntersuchung durch die Fachkraft für Arbeitssicherheit
- Erkenntnisse aus dem Arbeitsschutzausschuss
- Prüfberichte von prüfpflichtigen feuerwehrtechnischen und medizintechnischen Geräten
- Betriebsanweisungen
- Verfahrensanweisungen/Dienstanweisungen
- Sicherheitsdatenblätter
- Herstellerhinweise (Bedienungsanleitung, Gebrauchsanleitung)

Grundlagen im Arbeitsschutz sind die aktuellen Gesetze, Verordnungen und die Regelwerke der Unfallversicherungsträger (vgl. Kapitel 2), deren Relevanz und Aktualität regelmäßig zu überprüfen ist.

Bei der Betrachtung der Arbeitsvorgänge oder der Tätigkeiten sind die besonderen Personengruppen oder auch die besonderen Gefährdungen zu berücksichtigen. Das betrifft z. B. das Heben und Tragen von Lasten durch Jugendliche in den Jugendabteilungen oder die Situation werdender Mütter, aber auch besondere Gefährdungen im Umgang mit biologischen Stoffen bzw. Gefahrstoffen. Genauere Hinweise lassen sich aus den entsprechenden rechtlichen Vorschriften oder den Regelwerken bzw. Medienkatalogen der Unfallversicherungsträger ableiten.

Die einzelnen Arbeitsbereiche sind in ihrer Gesamtheit soweit zu analysieren, dass sichergestellt ist, dass alle Arbeitsvorgänge bzw. Tätigkeiten und alle Arbeitsmittel vollständig erfasst sind.

14.2 Schritt 2: Gefährdungen ermitteln

Nachdem in Schritt 1 – »Gefährdungsbeurteilung vorbereiten« die relevanten Arbeitsbereiche, die Arbeitsvorgänge und die Arbeitsmittel festgelegt wurden, müssen in Schritt 2 die Gefährdungen ermittelt und identifiziert werden. Um die Gefährdungen sinnvoll zu ermitteln, erscheint es angebracht, die relevanten Begrifflichkeiten noch einmal etwas genauer zu betrachten.

Mit Gefährdungen sind im Sinne des Arbeitsschutzes alle Ursachen oder Quellen gemeint, die zu einem Unfall oder einer gesundheitlichen Schädigung bei den Beschäftigten führen können, wobei keine besonderen Voraussetzungen an das Schadenausmaß oder die Wahrscheinlichkeit des Eintritts eines Schadens gestellt werden. Es erscheint nachvollziehbar, dass eine Person einer Ursache oder Quelle ausgesetzt sein muss, damit es zu einer Gefährdung kommt, d. h. Mensch und Gefahrenquelle müssen sich in einer räumlich-zeitlichen Beziehung zueinander befinden. In der Konsequenz bedeutet das, dass gemäß den rechtlichen Vorgaben alle Arbeitsvorgänge/Tätigkeiten der Feuerwehr bzw. des Rettungsdienstes sowie der Umgang mit Arbeitsmitteln (feuerwehr- und medizintechnische Geräte, Werkzeuge, etc.) systematisch auf mögliche Gefährdungen und Belastungen hin untersucht, die existierenden Gefährdungen protokolliert und die Ursachen bzw. Quellen ermittelt werden müssen. Das schließt die Wartung, die Prüfung und die Instandsetzung von prüfpflichtigen Arbeitsmitteln mit ein, was bedeutet, dass für diese Arbeitsmittel die Art, der Umfang und auch der Zeitpunkt der Prüfung zweifelsfrei festgelegt werden muss.

Mit Hinweis auf § 5 Abs. 2 ArbSchG muss berücksichtigt werden, dass bei der Ermittlung der Gefährdung die Art der Tätigkeit Beachtung finden muss, wobei jedoch der Begriff der Tätigkeit nicht näher erläutert ist. Sowohl in den Verordnungen als auch in den Schriften der DGUV finden sich zwar Hinweise darauf, was zu den Tätigkeiten zu zählen ist, jedoch keine Definition. Eine anschauliche Definition leitet sich aus der Arbeitspsychologie (Leont'ev, 2012; Hacker, 2015) ab, wonach Tätigkeiten möglicherweise aus verschiedenen Handlungen bestehen, die wiederum Operationen zur Voraussetzung haben. Dabei sind Tätigkeiten auf ein bestimmtes Motiv ausgerichtet, wogegen Handlungen einem konkreten Ziel folgen. Das Erstellen von einer Gefährdungsbeurteilung folgt beispielsweise dem Motiv der Rechtskonformität im Arbeitsschutz und stellt demnach eine Tätigkeit dar. Das Sammeln von Informationen oder das Ordnen von Unterlagen wie auch das der eigenen Gedanken im Rahmen der Vorbereitung der Gefährdungsbeurteilung sind Handlungen. Das Verfassen bzw. Niederschreiben einzelner Sätze oder Textpassagen als Notizen oder

14.2 Schritt 2: Gefährdungen ermitteln

Vorschläge für Schutzmaßnahmen unter Verwendung von Stift und Papier oder der Tastatur des PC stellt dabei jeweils eine Operation dar.

Die von außen auf den Menschen einwirkenden Einflüsse wie das Heben und Tragen von Lasten, Lärm, schlechte Beleuchtung, Zeitdruck oder widersprüchliche Anweisungen werden als Belastungen bezeichnet. Diese Belastungen führen im Zuge der Interaktion mit dem Menschen zu entsprechenden, individuellen Reaktionsmustern, die unter dem Begriff der Beanspruchung zusammengefasst werden. Beanspruchungen können sich physisch (beispielsweise auf das Herz-Kreislaufsystem, die Muskulatur) oder psychisch (z. B. auf die Aufmerksamkeit, das Gedächtnis) auswirken und positive oder negative Folgen haben. So stellt beispielsweise das Heben oder Tragen eines Patienten für einen sportlich trainierten Beschäftigten der Feuerwehr oder der Rettungsdienstorganisation eine andere Belastung dar als für einen Untrainierten. Sowohl die Ausdauer und die Muskelkraft wie auch das Beherrschen der ökonomisch richtigen Hebe- bzw. Tragetechnik oder die Fähigkeiten bzw. Fertigkeiten des Einzelnen haben einen Einfluss auf die Beanspruchung; es besteht also ein gewisses Maß der individuellen Einflussnahme. Die Beanspruchung hängt aber auch von der Höhe, der Expositionszeit/Dauer oder der Kombination von unterschiedlichen Belastungen ab.

Für die Ermittlung und Identifizierung von möglichen Gefährdungen gibt es in Abhängigkeit vom jeweiligen Zeitpunkt der Gefährdungsbeurteilung zwei Methoden (Bild 27):

Bild 27: *Methoden zur Ermittlung von Gefährdungen*

14 Gefährdungsbeurteilung in 7 Schritten

1. **Rückschauende Methode** (indirekte Analyse)
   Hierbei werden Gefährdungen durch Auswertung von Unterlagen zu Dienst- und Arbeitsunfällen, zu Erkrankung (sofern sie auf arbeitsbedingten Ursachen beruhen), aus Prüfberichten der Geräteprüfungen etc. ausfindig gemacht.
2. **Vorausschauende Methode** (direkte Analyse)
   Hier wird das Arbeitssystem, also das Zusammenwirken von Mensch, Arbeitsmittel, Arbeitsplatz, Arbeitsablauf der jeweiligen Tätigkeit in der Arbeitsumgebung auf das mögliche Vorliegen von Gefährdungen hin untersucht

Die Gefährdungsermittlung lässt sich durch die nachfolgend aufgeführten Schritte verallgemeinern:
1. Ermitteln der relevanten Gefährdungsfaktoren
   (Bsp.: Emission von Lärm – *Physikalische Gefährdung*)
2. Ermitteln des Ursprungs für die festgestellten Gefährdungsfaktoren
   (Lärmemission eines Generators)
3. Suche nach der möglichen Ursache
   (Fehlende Berücksichtigung der Lärmreduzierung im Leistungsverzeichnis bei der Ausschreibung)
4. Suche nach den gefahrenbringenden Bedingungen
   (Fehlende Kapselung des Kompressors)

Die Ansatzpunkte für die Vorgehensweise bei der indirekten (rückschauende Methode) bzw. der direkten (vorausschauenden Methode) Analyse können unter Berücksichtigung des Erklärungsmodells (vgl. Bild 19, Kapitel 10) wie in Bild 28 gezeigt entsprechend zugeordnet werden.

Die indirekte Analyse setzt voraus, dass eine Verletzung/ein Unfall oder eine arbeitsbedingte Erkrankung eingetreten ist. Aus der Analyse der vorliegenden Unterlagen können dann die möglichen Gefährdungen und die Gefährdungsfaktoren herausgearbeitet werden. Bei der direkten Analyse sind die im Rahmen der Gefährdungsbeurteilung zu untersuchenden Tätigkeiten bekannt. Unter objektiven Gesichtspunkten werden die in Frage kommenden Gefährdungsfaktoren identifiziert. An dieser Stelle muss explizit darauf hingewiesen werden, dass die Identifikation eines Gefährdungsfaktors nicht zwangsläufig bedeutet, dass eine Gefährdung vorliegt. Inwieweit sich aus dem Vorliegen von Gefährdungsfaktoren tatsächlich Gefährdungen ableiten lassen, erfolgt im Rahmen der Beurteilung.

14.2 Schritt 2: Gefährdungen ermitteln

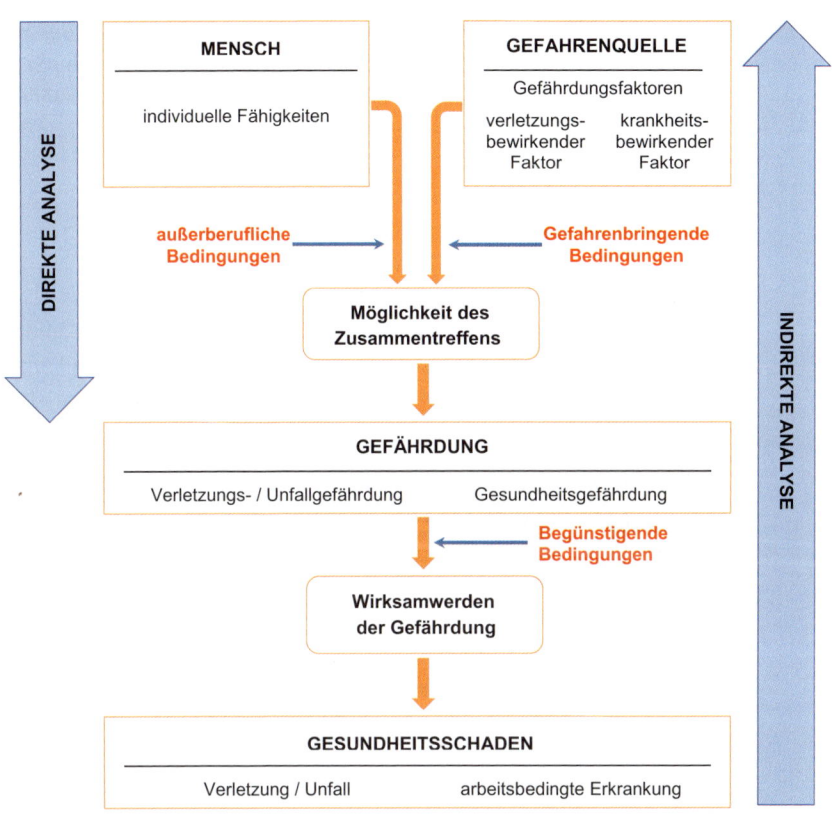

Bild 28: *Direkte/indirekte Analyse im Rahmen der Gefährdungsermittlung*

Die Schritte der vorgenannten Gefährdungsermittlung sollen an Hand der nachfolgenden Beispiele konkretisiert werden:

Rückschauende Methode:

Hauterkrankung durch das Tragen von Einmal-Handschuhe:
Das Tragen von Einmal-Handschuhen im Rettungsdienst fällt mit Bezug auf die TRGS 401 bei einer entsprechend hohen Zahl an Einsätzen pro Einsatzschicht unter die Feuchtarbeit (gefährdende Arbeitsbedingungen). Die Tragezeiten von flüssigkeitsdichten Handschuhen sind zu summieren, sofern keine geeigneten Schutzmaß-

nahmen getroffen werden. Das häufige und intensive Reinigen der Hände unterstützt den Okklusionseffekt. Der Arbeitsmediziner, der Hausarzt (durch Externe) und der Mitarbeiter machen auf eine arbeitsbedingte Erkrankung aufmerksam.

- Es liegt eine sog. »sonstige Gefährdung« vor (Gefährdungsfaktor: *Hauterkrankung*).
- Der Ursprung ist der Kontakt zu einem Patienten.
- Die Quelle sind die im Rettungsdienst bei der Behandlung des Patienten zu tragenden Einmal-Handschuhe.
- Die gefahrenbringenden Bedingungen sind die Schädigung der Haut durch den Okklusionseffekt, das oftmalige Reinigen und der Eintrag von Bakterien oder Pilzen, die zu einem Ekzem führen können.

Vorausschauende Methode:

Austausch einer defekten Funkantenne auf dem Dach eines Rettungswagens
Der Austausch der defekten Funkantenne wird in der Fahrzeughalle durch einen Funktechniker vorgenommen. Dazu muss er auf das Dach des RTW steigen und die erforderlichen Werkzeuge und Ersatzteile mit sich führen.

- Es kann eine mechanische Gefährdung (Gefährdungsfaktor: *Absturz*) identifiziert werden.
- Ursache ist die Notwendigkeit des Austauschs der defekten Funkantenne.
- Als Quelle kommt z. B. das ungeeignete Aufstiegsmittel (Leiter) oder das Arbeiten auf dem Fahrzeugdach in Betracht.
- Die gefahrenbringenden Bedingungen sind die Höhe des Fahrzeugdachs, das Übersteigen vom Aufstiegsmittel auf das Fahrzeugdach und die fehlende Sicherung bei Arbeiten auf dem Fahrzeugdach.

Für die Ermittlung von potentiellen Gefährdungen bei der Feuerwehr oder der Rettungsdienstorganisation ist ein Ordnungssystem von 12 Gruppen von Gefährdungsfaktoren definiert, denen jeweils weitere Spezifikationen oder Merkmale zugeordnet sind (BAuA, 2016). Diese Gefährdungsfaktoren zeichnen sich als Gruppen gleichartiger Wirkungen oder Gefahren aus (DGUV Information 211-032). Aus den Gefährdungsfaktoren lässt sich ablesen, welche Gefährdungen bei einem räumlich-zeitlichen Kontakt zwischen dem Menschen und der Gefahr resultieren.

- mechanische Gefährdungen,
- elektrische Gefährdungen,
- chemische Gefährdungen,
- biologische Gefährdungen,

14.2 Schritt 2: Gefährdungen ermitteln

- Brand- und Explosionsgefährdungen,
- thermische Gefährdungen,
- physikalische Gefährdungen,
- Gefährdungen durch Umgebungsbedingungen,
- physische Belastungen,
- psychische Belastungen,
- sonstige Gefährdungen,
- Organisation

Die jeweiligen Gefährdungsfaktoren lassen sich noch weiter spezifizieren bzw. differenzieren, sodass es möglich ist, die entsprechenden Gefährdungen dezidiert zuzuordnen (vgl. Tabelle 11). Im täglichen Arbeitsablauf ist auch zu berücksichtigen, dass durchaus mehrere Gefährdungsfaktoren zur gleichen Zeit auftreten und zudem einen gegenseitigen Einfluss aufeinander ausüben können.

Zur Erleichterung der Ermittlung und Zuordnung von Gefährdungen können auch Gefährdungs- und Belastungskataloge (Schneider, 2017) oder Checklisten (Zimmermann & Tittmann, 2016) dienen. Eine Musterchecksliste können Sie dem Downloadbereich (Anhang 4) entnehmen.

Es ist jedoch aufgrund der Verschiedenartigkeit der Aufgaben/Anforderungen und aufgrund der an die örtlichen Verhältnisse angepassten Feuerwehren bzw. Rettungsdienste nicht möglich, die Gefährdungen allgemeingültig und abschließend zu ermitteln und zu behandeln. Die speziellen Gefährdungen können nur bezogen auf die jeweiligen Feuerwehren bzw. Rettungsdienste ermittelt werden.

Die ermittelten Gefährdungsfaktoren werden an der entsprechenden Stelle im Dokumentationsbogen erfasst. Der Dokumentationsbogen (Anhang 2) kann von der Internetseite des Verlags heruntergeladen werden.

Tabelle 11: *Gefährdungsfaktoren, in Anlehnung zur DGUV Information 211-032*

Gefährdungsfaktoren	Spezifikationen/Beispiele
Mechanische Gefährdung	- ungeschützt bewegte Maschinenteile (Antriebe, Werkzeuge etc. mit Stoß-, Quetsch-, Fang- oder Einzugstellen/Abmaße und Form von Teilen/Kräfte und Geschwindigkeit von Teilen/Anwesenheit im Gefahrenbereich) - Teile mit gefährlichen Oberflächen (spitze, scharfe Ecken bzw. Kanten/Kräfte und Geschwindigkeit von Teilen/Handling) - bewegte Transport-/Arbeitsmittel (Sicherheit von Transport- oder Arbeitsmitteln/Lage der transportierten Ladung) - unkontrolliert bewegte Teile (kippende, rollende, herabfallende Teile/Verlagerung des Schwerpunkts/einwirkende Kräfte) - stolpern, (aus-)rutschen, stürzen, umknicken (stolpern über Stufen, Schläuche/ausrutschen auf Eis, Schnee oder Rampen/umknicken auf unebenen Flächen) - abstürzen (bei Arbeiten auf Dächern, durch Dachkuppeln, bei herabgesetzter Standfestigkeit)
Elektrische Gefährdung	- elektrischer Stromschlag (durch Berühren Spannung führender Teile/Unterschreiten der Mindestabstände, unzulässige Annäherung an Spannung führende Teile) - Verletzen durch Lichtbogenbildung
Chemische Gefährdung	- Gase - Dämpfe - Schwebstoffe (Aerosole, Stäube) (Inhalation von Gefahrstoffen mit und ohne Arbeitsplatzgrenzwert) - Flüssigkeiten - Feststoffe (Hautkontakt mit gefährdenden, resorptiven oder sensibilisierenden Stoffen) - Durchgehende Reaktionen (Reaktion von Löschmittel mit konzentrierten Säuren oder Lauge)

14.2 Schritt 2: Gefährdungen ermitteln

Tabelle 11: Gefährdungsfaktoren, in Anlehnung zur DGUV Information 211-032 – Fortsetzung

Gefährdungsfaktoren	Spezifikationen/Beispiele
Biologische Gefährdung	<ul><li>Infektion durch Krankheitserreger (Mikroorganismen, Viren)</li><li>Gentechnisch veränderte Organismen (Aufenthalt in Laboratorien oder Industrieanlagen)</li><li>Allergene und toxische Stoffe (sensibilisierende Wirkung)</li></ul>
Brand- und Explosionsgefährdung	<ul><li>Verbrennungen durch Feststoffe, Flüssigkeiten, Gase (brennende Stoffe/Zündquellen/Brandausbreitung/Wärmestrahlung/Rauchausbreitung)</li><li>Verletzen durch Zündung explosionsfähiger Atmosphären (explosionsfähige Gas-/Dampf-Luftgemische/Zonenfestlegung)</li><li>Explosivstoffe (explosive oder pyrotechnische Stoffe/Ausbreitung/Trümmerbereiche)</li><li>Elektrostatische Aufladung (fließende Medien)</li></ul>
Thermische Gefährdung	<ul><li>Kontakt mit heißen Medien/Oberflächen</li><li>Kontakt mit kalten Medien/Oberflächen (Oberflächentemperatur von metallischen Flächen oder Rohren/Kontaktdauer)</li></ul>
Physikalische Gefährdung	<ul><li>Lärmschwerhörigkeit (durch den Schallpegel von Arbeitsmitteln/Ausbreitung)</li><li>Ultraschall/Infraschall (luftgeleiteter Schall)</li><li>Ganzkörperschwingungen (Gabelstapler/mobile Arbeitsmittel)</li><li>Hand-Arm-Schwingungen (Druckluft – Schrauber, Bohrhammer, rotierende Werkzeuge)</li><li>nicht ionisierende Strahlung (UV-Strahlung zum Desinfizieren/Beleuchtung/Expositionsdauer)</li><li>ionisierende Strahlung (Übungsstrahler)</li><li>elektromagnetische Felder (Funkanlagen/MRT im Krankenhaus)</li><li>Arbeiten in Über- oder Unterdruck (Taucherarbeit)</li><li>Ertrinkungsgefahr (bei Arbeiten auf oder am Gewässer/Aufenthalt an Spundwänden/Sturz in Gewässer)</li></ul>

14 Gefährdungsbeurteilung in 7 Schritten

Tabelle 11: *Gefährdungsfaktoren, in Anlehnung zur DGUV Information 211-032 – Fortsetzung*

Gefährdungsfaktoren	Spezifikationen/Beispiele
Gefährdung durch Umgebungsbedingungen	- Klima (Witterung, Kälte, Nässe) - Beleuchtung/Lichtverhältnisse - Raumbedarf, Verkehrswege (an Arbeitsplätzen/Breite von Fluchtwegen/Aufstellflächen) - Untergrund (eisig, rutschig…) - Arbeitsplatzgestaltung (Ergonomie/unzureichende Sanitäreinrichtungen) - Mensch-Maschine-Schnittstelle (Verständlichkeit von Piktogrammen/Beeinträchtigung durch PSA)
Physische Belastung	- Arbeitstätigkeit (Bedingungen der Ausführung/Art der PSA/Körperhaltung) - einseitige dynamische Arbeit (Art der Bewegung/Ausführung) - Haltungsarbeit/Haltearbeit (Arbeitshöhe/Beachtung der Köpermaße/Bewegungsraum/Dauer/Arbeiten über Kopf) - Kombination aus statischer und dynamischer Arbeit (Heben und Tragen von Lasten)
Psychische Belastung	- Arbeitstätigkeit (Handlungsspielraum/Verantwortung/traumatisierende Erlebnisse) - Arbeitsorganisation, (Arbeitszeit/Beanspruchung/Arbeitsablauf/Nachtarbeit bzw. -schichten) - soziale Bedingungen (Beziehung zu Kollegen und Vorgesetzten/Konflikte/emotionale Dissonanzen)
Sonstige Gefährdungen	- ungeeignete PSA - Hautbelastung (Kontaminationsverschleppung) - durch Menschen (Zusammenarbeit/Gewalteinwirkung gegen Einsatzkräfte) - durch Tiere (Bisse/Stiche) - durch Pflanzen und pflanzliche Produkte (Riss- oder Schnittverletzungen/allergische Reaktionen) - allgemeine Hygiene (Nahrungsmittel/Zigaretten an Einsatzstellen) - Bildschirmarbeit - Straßenverkehr

14.2 Schritt 2: Gefährdungen ermitteln

Tabelle 11: Gefährdungsfaktoren, in Anlehnung zur DGUV Information 211-032 – Fortsetzung

Gefährdungsfaktoren	Spezifikationen/Beispiele
Gefährdung durch Organisationsmängel	<ul><li>Arbeitsverlauf (Einsatztaktik/spezielle Vorgaben)</li><li>Arbeitszeit (Nachtstunden/fehlende Ruhephasen)</li><li>Qualifikation (unzureichende oder fehlende Qualifikation)</li><li>Unterweisungen/Betriebsanweisungen</li><li>Verantwortung</li><li>Organisation, allgemein</li><li>Erste-Hilfe</li><li>Arbeitsmedizinische Vorsorge</li><li>Prüfungen (Sicherstellung der regelmäßigen Prüfung von Arbeitsmitteln)</li></ul>

14.3 Schritt 3: Beurteilung der Gefährdungen

In Schritt 3 ist zu prüfen, ob auf der Grundlage der festgestellten Gefährdungen/Gefährdungsfaktoren ein Handlungsbedarf besteht und entsprechende Arbeitsschutzmaßnahmen abgeleitet werden müssen. Dabei gilt es einen möglichen Handlungsbedarf für jeden ermittelten Gefährdungsfaktor im Vergleich zum Ist-/Soll-Zustand festzustellen.

Dieser Abgleich des Ist-Zustandes mit dem Soll-Zustand ist durch Abgleich mit gesetzlichen Vorgaben und den Regelwerken der Träger der Unfallversicherungen herbeizuführen (normierte Schutzziele). Zu diesen normierten Schutzzielen zählen beispielsweise die Grenz- und/oder Auslösewerte (z. B. ASR A3.4 – Beleuchtung, ASR A3.5- Raumtemperatur, Werte im Zusammenhang mit der Leitmerkmalmethode, LärmVibrationsArbSchV etc.). Zusätzlich ist dem Stand der Technik, den Informationen aus der Arbeitsmedizin wie auch der Hygiene oder sonstigen Erkenntnissen des Arbeitsschutzes Beachtung zu schenken. In dem Ist-/Soll-Vergleich sind auch die besondere Personengruppen (Jugendliche, werdende/stillende Mütter) zu berücksichtigen. Weiterhin ist in dem Abgleich zu ermitteln, ob es erforderlich ist, dass bestimmte Grenzwerte beispielsweise in Bezug auf Lärm (Prüfung von Atemschutzgeräten, Betreiben von Lüftern an der Einsatzstelle), Lichtverhältnisse (Instandsetzen von Atemschutzgeräten) oder ergonomische Vorgaben (Bildschirmarbeitsplatz in der Leitstelle, im Büro) einzuhalten sind. Sind solche Grenzwerte als Richtgröße für die Beurteilung nicht vorhanden, ist zu prüfen, ob es vergleichbare Möglichkeiten gibt. Das können auch die Bestimmungen von Herstellern sein, in denen die Einhaltung von besonderen Prüfvorgaben (einzuhaltende Werte, Prüffristen etc.) vorgegeben ist. Liegen gesetzliche Vorgaben, Regelungen der Träger der Unfallversicherungen oder andere Richtlinien (normierte Schutzziele) vor, wird durch die Einhaltung von Grenzwerten oder Mindestforderungen ein sicherer Betriebszustand beschrieben.

Nur unter der Voraussetzung, dass die vorgenannten Maßstäbe für die Beurteilung von möglichen Gefährdungen nicht vorhanden sind, kann der Leiter der Feuerwehr/der Feuerwehrkommandant oder der Verantwortliche der Rettungsdienstorganisation eigene Vorgaben auf der Grundlage von vorliegenden Erfahrungen/Erfahrungswerten entwickeln und verwenden lassen, wobei bestimmte Kriterien erfüllt sein müssen. Zu diesen Kriterien zählen u. a. die Art und die Häufigkeit bzw. der Zeitraum des Auftretens der Gefährdung. Zudem ist zu berücksichtigen, ob die Beschäftigten aufgrund ihrer fachlichen Qualifikation und Fortbildung in der Lage sind, eine potentielle Gefährdung zuzuordnen und bewerten zu können.

14.3 Schritt 3: Beurteilung der Gefährdungen

Im Zusammenhang mit der Beurteilung von Gefährdungen muss begrifflich zwischen Gefährdungen und Mängeln bzw. Defekten unterschieden werden.

Mängel an Arbeitsmitteln oder Defekte an Schutzeinrichtungen kann man als Fehlfunktionen bezeichnen; sie sind im Rahmen der betrieblichen Arbeitsabläufe unverzüglich zu beseitigen. Sofern das nicht möglich ist, muss das Arbeitsmittel stillgelegt bzw. der weiteren Nutzung entzogen oder der Arbeitsprozess abgebrochen werden. Ein nicht funktionierender Not-Ausschalter stellt einen Mangel dar, der unverzüglich zu beseitigen ist.

Eine Gefährdung ist demgegenüber als das räumlich-zeitliche Zusammentreffen von Mensch und Gefahr gekennzeichnet. Im Rahmen der Gefährdungsbeurteilung wird überprüft, ob der Not-Ausschalter an der richtigen Stelle positioniert ist. Insofern werden Mängel/Defekte nicht im Rahmen einer Gefährdungsbeurteilung betrachtet.

Sind die unterschiedlichen Gefährdungen ermittelt worden und liegen für diese Gefährdungen keine normierten Schutzziele vor, muss der Grad der Gefährdung abgeschätzt, bewertet und geeignete Schutzmaßnahmen festgelegt werden, um dadurch mögliche Sicherheitsdefizite abzustellen oder zumindest zu minimieren. Grundsätzlich gilt es zu beachten, dass ein Schutzziel durch unterschiedlich priorisierte Maßnahmen erreicht werden kann.

Um den Grad der Gefährdung bewerten zu können, bedient man sich der Risikobeurteilung, früher auch als Gefahrenanalyse bezeichnet, unter Verwendung von bestimmten Bewertungsaspekten. Zu den Bewertungsaspekten zählen beispielsweise die Eintrittswahrscheinlichkeit, das eventuell zu erwartende Schadenausmaß oder die Expositionszeit.

Um das Risiko bewerten zu können, wird eine Vergleichbarkeit dadurch herbeigeführt, indem man der Wahrscheinlichkeit (**W**) des Eintretens eines Schadens und dem zu erwartenden Ausmaß (**S**) eines Schadens jeweils einen bestimmten Zahlenwert zuordnet. Das Risiko ist definiert als das Produkt aus der Wahrscheinlichkeit (**W**) des Eintretens eines gefährdenden Ereignisses und dem zu erwartenden Ausmaß (**S**) eines Personenschadens (BfGA, 2018).

Risiko = Eintrittswahrscheinlichkeit (W) × Schadenausmaß (S)
R = W × S

Ein 100 % risikofreies Arbeiten wird vor dem Hintergrund des Aufgabenspektrums, das den Feuerwehren bzw. den Rettungsdiensten übertragenen wurde, nicht zu erreichen sein. Durch die Gefährdungsbeurteilung lassen sich aber das tatsächlich vorhandene Risiko der Beschäftigten, einen Unfall oder eine andere gesundheitliche Beeinträchtigung während der Arbeit zu erleiden, herausarbeiten und geeignete Schutzmaßnahmen definieren. Ein hohes Risiko wird hierbei mit einer potentiellen Gefahr gleichgesetzt, wogegen ein niedrigeres bzw. niedriges Risiko nicht unbedingt Sicherheit bedeutet. Die beiden Begriffe »hoch« und »niedrig« sind relativ und bekommen erst im Zusammenhang einer Bewertung eine konkrete Bedeutung.

Im Rahmen der Bewertung des Risikos muss also festgestellt werden, ob das Risiko vernachlässigbar, noch zu akzeptieren oder doch inakzeptabel ist.

Die Akzeptanz eines Risikos bedarf jedoch noch einmal einer genaueren Betrachtung. Ein Risiko scheint nach dem Empfinden dann akzeptabel zu sein, wenn das mathematische Produkt aus der Eintrittswahrscheinlichkeit und dem Schadenausmaß für den Menschen als zumutbar eingestuft wird. Ein Schadenereignis mit einer niedrigen Eintrittswahrscheinlichkeit (W) und einem hohen Schadenausmaß (S), das möglicherweise tödlich enden kann (z. B. Stromunfall durch Kontakt mit einem elektrischen Leiter), wird als nicht akzeptabel empfunden; dagegen werden häufig eintretende Schadenfälle (hohe Wahrscheinlichkeit) mit einem geringen Schadenausmaß (Stolpern, Stürzen über verlegte Feuerwehr-Schläuche) leichter akzeptiert. Für die Bewertung des Risikos ist es erforderlich eine Bewertungsgrundlage zu definieren. Als Bewertungsgrundlage kommt das »höchste zu akzeptierende Risiko« (Grenzrisiko) in Betracht (DGUV Information 205-021; Kaberlah et al., 2005). Aus der Bewertung kann also resultieren, dass das vorhandene Risiko höher oder niedriger als das als Bewertungsgrundlage definierte Grenzrisiko ist.

Das »höchste zu akzeptierende Risiko« kann vielfach auf der Grundlage von rechtlichen Vorgaben oder den Technischen Regeln (z. B. maximal zulässiger Schallpegel bei Lärm) definiert werden (Kaberlah et al., 2005). Für den Aufgabenbereich der Feuerwehren bzw. der Rettungsdienste fehlen solche Bezugsgrößen sehr häufig, so dass dieses »höchste zu akzeptierende Risiko« (Grenzrisiko) von den verantwortlichen Führungskräften in Zusammenarbeit mit der Fachkraft für Arbeitssicherheit, dem Arbeitsmediziner, der Personalvertretung, Mitarbeitern und ggf. weiterer externer Fachleute festgelegt werden muss (Bild 29).

Wird im Zusammenhang mit der Risikobewertung festgestellt, dass das bestehende Risiko für die Beschäftigten nicht zu akzeptieren und das Grenzrisiko überschritten ist, sind geeignete Maßnahmen zur Reduzierung des Risikos einzuleiten. Das Risiko ist also

14.3 Schritt 3: Beurteilung der Gefährdungen

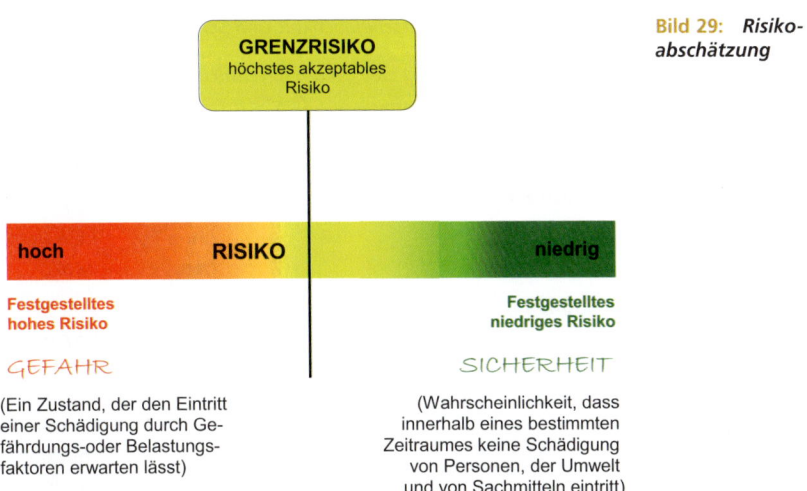

Bild 29: Risikoabschätzung

dementsprechend umso höher, je öfter ein Beschäftigter sich einerseits in einem Gefahrenbereich aufhält oder je mehr Arbeitsmittel eines bestimmten Typs eingesetzt werden und je höher andererseits der zu erwartende gesundheitliche Schaden ist.

Es hat sich für Aussagen im Arbeitsschutz als praxisorientiert und effizient herauskristallisiert, zur Visualisierung und schnelleren Erfassung des bestehenden Risikos eine Risikomatrix zu verwenden. Um aber dem Risiko einen Zahlenwert zuordnen zu können, ist es notwendig, die Wahrscheinlichkeit des Eintretens eines Schadens (W) und das zu erwartende Ausmaß eines Personenschadens (S) mit einem Wert zu belegen.

Als Grundlage für die Belegung der Kategorien »Eintrittswahrscheinlichkeit« und »Schadenausmaß« mit den entsprechenden Zahlenwerten kann die in der DGUV Information zur Auswahl der Persönlichen Schutzausrüstung (DGUV Information 205-014) dargestellten Verfahrensweise verwendet werden. Die Kategorisierung der Wahrscheinlichkeit des Eintretens (W) und des zu erwartenden Ausmaßes eines Personenschadens (S) sind mit den entsprechenden Zahlenwerten in Tabelle 12 dargestellt:

Tabelle 12: *Kategorisierung von Eintrittswahrscheinlichkeit und Schadenausmaß*

Einteilung und Kategorisierung der *„Wahrscheinlichkeit für das Eintreten von Gefährdungen» und des «Schadenausmaßes"*

Kategorie (W)	Wahrscheinlichkeit des Eintretens		Kategorie (S)	Ausmaßes eines Personenschadens	
0	praktisch unmöglich	nie	0	ohne Folgen	kein Personenschaden
1	ausnahmsweise	≤ 4 x/ Jahr	1	gering	z. B. leichtere Verletzungen (oberflächliche Schnittwunden, Abschürfungen, Verstauchungen, leichte Verbrennungen
2	selten	≤ 15 x/ Jahr	2	mäßig	z. B. schwerere Verletzungen (Knochenbrüche, Verbrennungen 2. Grades, Kreislaufstörungen
3	gelegentlich	≤ 2 x/ Woche	4	hoch	lebensbedrohliche Verletzungen oder Erkrankungen
4	häufig	täglich	8	sehr hoch	dauerhafte Dienstunfähigkeit oder Tod

Das bedeutet, je unregelmäßiger oder seltener eine bestimmte Tätigkeit ausgeübt wird und je weniger Beschäftigte sich damit befassen, desto geringer ist die Wahrscheinlichkeit des Eintretens von Gefährdungen. Im Umkehrschluss hat ein täglicher Umgang beispielsweise mit einem bestimmten Arbeitsmittel eine hohe Wahrscheinlichkeit einen Gesundheitsschaden zu erleiden zur Konsequenz. Die Zahlenwerte für das Ausmaß eines Personenschadens verdoppeln sich im Zuge der zu erwartenden, gesundheitlichen Beeinträchtigungen, um den zu erwartenden Schaden angemessen einzuordnen. An dieser Stelle kommt, aufgrund von vielfach fehlenden, normierten Schutzzielen bei der Feuerwehr oder im Rettungsdienst, besonders den eigenen Einschätzungen und Erfahrungswerten eine besondere Bedeutung zu.

14.3 Schritt 3: Beurteilung der Gefährdungen

Die Zuweisung der jeweiligen Werte für die Eintrittswahrscheinlichkeit oder das Schadenausmaß kann auf der Grundlage von
- Einsatzzahlen (Häufigkeit) bei der Feuerwehr oder im Rettungsdienst,
- Zahlen aus der jeweiligen Unfallstatistik,
- eigenen, objektiven Einschätzungen und Erfahrungswerten,
- Tätigkeiten und der Häufigkeit des Aufenthalts der Beschäftigten im potentiellen Gefahrenbereich

vorgenommen werden.

Die Beurteilung der Gefährdung lässt sich aufbauend auf dem Erklärungsmodell veranschaulichen (Bild 30). Im Rahmen der Beurteilung muss festgestellt werden, ob ein niedriges Risiko (unterhalb des Grenzrisikos) oder ein hohes Risiko (oberhalb des Grenzrisikos) vorliegt. Dementsprechend ist darüber zu entscheiden, ob zum Schutz der Gesundheit und für die Sicherheit der Beschäftigten Schutzmaßnahmen eingeleitet werden müssen.

Die Einschätzung des Risikos kann methodisch auf vielfältige Art und Weise vorgenommen werden. Die methodischen Unterschiede beziehen sich dabei u. a. auf

Bild 30: *Beurteilung der Gefährdung*

den Aufwand, der betrieben werden muss, auf die Verfahrensweise und auf den jeweiligen Bereich, für den die Methode zur Anwendung kommen soll. Dabei spielen bei den Feuerwehren oder Rettungsdiensten Faktoren wie Zeit oder personeller Aufwand eine entscheidende Rolle.

Eine visuell-numerische Darstellung nach Nohl ist z. B. der Risikoeinschätzung nach Kinney (1976) (Risikomanagement, Produktentwicklung – angewendet beim Vorgehen nach OHSAS 18001), einer Fehlermöglichkeits- und Einflussanalyse, FMEA (Qualitätssicherung, Sicherheitsmanagement) (Eberhardt, 2012) oder den Risikozahlen nach Reudenbach (2009) (Produktentwicklung, Risikoeinschätzung für den Bereich von Maschinen) vorzuziehen. Für den Aufgabenbereich der Feuerwehren oder der Rettungsdienste wird die Einschätzung eines Handlungsbedarfs zur Minimierung des Risikos im Rahmen einer Gefährdungsbeurteilung im Arbeitsschutz auf der Basis einer Risikomatrix, z. B. nach Nohl als hinreichend erachtet. Die Risikomatrix nach Nohl ist eine verbreitete Methode, um im Zusammenhang mit Gefährdungsbeurteilungen die Klassifizierungen von Gefährdungen im eigenen Zuständigkeitsbereich vorzunehmen (Nohl & Thiemecke, 1988).

Hier sei der Hinweis auf die Anwendungsbereiche einer Risikobeurteilung und einer Gefährdungsbeurteilung gestattet. Während die Risikobeurteilung beispielsweise auf der Grundlage der Maschinenrichtlinie oder des Produktsicherheitsgesetzes beim Inverkehrbringen eine Rolle spielt, findet die Gefährdungsbeurteilung für die Betrachtung der Betriebssicherheit unter Beachtung des ArbSchG oder der BetrSichV eine Anwendung (Mössner, 2012).

Werden die Werte für die Wahrscheinlichkeit des Eintretens (W) eines Schadens und des zu erwartenden Ausmaßes eines Personenschadens (S) tabellarisch miteinander ins Verhältnis gesetzt, kann man aus der in Bild 31 dargestellten Risikomatrix im Schnittbereich der jeweiligen Kategorisierung die entsprechende Risikomaßzahl ablesen.

In Abhängigkeit von der aus der Risikomatrix ermittelten Risikomaßzahl im Wert von 0 bis 32 muss entschieden werden, ob ein

- sehr geringes (Zahlenwert 0),
- ein geringes (Zahlenwert 1 bis 2),
- ein signifikantes (Zahlenwert 3 bis 6) oder
- ein hohes (Zahlenwert 8 bis 32)

Risiko vorliegt. Hierauf basiert die Entscheidung, ob Maßnahmen zur Minimierung des Risikos einzuleiten sind.

14.3 Schritt 3: Beurteilung der Gefährdungen

Bild 31: *Risikomatrix nach Nohl*

RISIKO R = W x S			Wahrscheinlichkeit des Eintretens (W)				
			häufig	gelegentlich	selten	ausnahmsweise	nie
			4	3	2	1	0
Schadenausmaß (S)	sehr hoch	8	32	24	16	8	0
	hoch	4	16	12	8	4	0
	mäßig	2	8	6	4	2	0
	gering	1	4	3	2	1	0
	ohne Folgen	0	0	0	0	0	0

Zur Vereinfachung der Visualisierung und zur einfacheren Zuordnung der Risikomaßzahlen lassen sich die unterschiedlichen Werte von 0 bis 32 zudem noch sogenannten Risikoklassen zuordnen, die in Anlehnung an die Ampelfarben entsprechend farblich belegt sind.

Risikoklasse 0 (in der Risikomatrix mit »dunkelgrün« markiert):
Diese Klassifizierung ist gekennzeichnet durch das sog. Restrisiko, wobei das Restrisiko nach EN ISO 12100 als verbleibendes Risiko nach Durchführung von Schutzmaßnahmen definiert ist.

Risikoklasse 1 (in der Risikomatrix mit »hellgrün« markiert):
Die Risikoklasse 1 umfasst die Risikomaßzahlen 1 und 2. Diese Risikoklasse ist gekennzeichnet durch ein geringes Risiko, das sich zwischen dem Grenzrisiko und dem Restrisiko befindet. Es sind meist nur geringe Maßnahmen notwendig, die eher im individuellen bzw. personenbezogenen Bereich angesiedelt sind.

Risikoklasse 2 (in der Risikomatrix mit »gelb« markiert):
Die Klasse 2 umfasst bereits wesentliche Risiken und ist mit den Werten von 3 bis 6 belegt. Es handelt sich um den Bereich, der sich in der Nähe des Grenzrisikos oder leicht darüber befindet. In dieser Risikoklasse sind neben möglichen individuellen bzw. personenbezogenen Maßnahmen auch Maßnahmen zur Risikoreduzierung erforderlich.

Risikoklasse 3 (in der Risikomatrix mit »rot« markiert)
In diese Klasse fallen die Risikomaßzahlen mit den Werten 8 bis 32. Diese Klasse kennzeichnet den Bereich über dem Grenzrisiko. Es sind Maßnahmen zur Reduzierung des Risikos dringend bzw. unverzüglich notwendig, da eine unmittelbare Gefahr für die Gesundheit besteht.

14.4 Schritt 4: Festlegen von Schutzzielen und Schutzmaßnahmen

Leitet sich aus der Beurteilung der Gefährdungen ein Handlungsbedarf ab, weil erkannt worden ist, dass Gefährdungen zu einem Unfall oder zu einer gesundheitlichen Beeinträchtigung führen können, geht es in Schritt 4 darum, die erkannten Gefährdungen zu beseitigen bzw. zu minimieren und somit das Risiko zu reduzieren.

Mit Bezug auf § 4 Nr. 1 ArbSchG (*„Die Arbeit ist so zu gestalten, ..."*) kann man möglicherweise dem Gedanken verfallen, dass bei der Festlegung der Schutzmaßnahmen mit Ausnahme von betriebswirtschaftlichen Überlegungen keine weiteren Beschränkungen auferlegt sind und ein gewisses Maß an Gestaltungsfreiheit besteht. Dem ist jedoch nicht so. Es sind bei der Festlegung der Maßnahmen für die Sicherheit und den Schutz der Gesundheit der Beschäftigten auf der einen Seite sogenannte abstrakte und auf der anderen Seite konkrete Regeln einzuhalten. Abstrakte Regeln sind solche, die sich zwar aus den Gesetzen, Verordnungen oder Regelwerken der Unfallversicherungsträger ableiten, aber einen gewissen Ermessensspielraum zulassen. Abgeleitet z. B. aus Verordnung oder Technischen Regeln beinhalten die konkreten Regeln exakt beschriebene Vorgaben.

14.4 Schritt 4: Festlegen von Schutzzielen und Schutzmaßnahmen

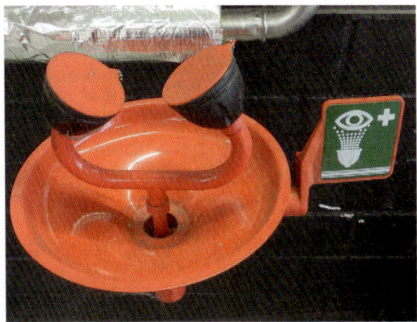

Bilder 32a und b: *Installation eines Anfahrschutzes und einer Augendusche im Werkstattbereich*

> **Beispiele für abstrakte und konkrete Regelungen:**
>
> Abstrakte Regelungen:
>
> - Gefährdungen gering halten (§ 4 ArbSchG)
> - Gefährdungen am Ursprung bekämpfen (§ 4 ArbSchG)
> - Rangfolge der Maßnahmen (§ 4 ArbSchG)
> - Berücksichtigung des Standes der Technik, der arbeitsmedizinischen Forschung und Erkenntnisse, der Hygiene und der wissenschaftlichen Erkenntnisse
> - Prüfvorgaben für Arbeitsmittel
>
> Konkrete Regelungen:
>
> - Verwendung von sicheren und für den Zweck geeigneten Arbeitsmitteln (§ 5 BetrSichV)
> - Verwendung von Arbeitsmitteln mit CE – Kennzeichnung
> - Umgang mit spitzen (z. B. Kanülen), scharfen medizinischen Instrumenten (§ 11 BioStoffV)

Zu den abstrakten Regelungen lassen sich beispielsweise die Vorgaben gemäß § 4 Nr. 1 (»…, dass eine Gefährdung für das Leben sowie die physische und die psychische Gesundheit möglichst vermieden und die verbleibende Gefährdung möglichst gering gehalten [werden sollen]«), § 4 Nr. 2 (»Gefahren […] an ihrer Quelle zu bekämpfen [sind]«) oder § 4 Nr. 5 ArbSchG (»individuelle Schutzmaßnahmen […] nachrangig zu anderen Maßnahmen [sind]«) wie auch die Einhaltung des Standes der Technik, der arbeitsmedizinischen Vorgaben, der Hygiene oder die Prüfvorgaben für Arbeitsmittel zählen. Konkrete Regelungen ergeben sich z. B. aus der Forderung, dass nur Arbeitsmittel eingesetzt werden dürfen, die bestimmte Voraussetzungen (§ 5 BetrSichV – Anforderungen an die zur Verfügung gestellten Arbeitsmittel, Produktsicherheitsgesetz, § 11 Abs. 3 BioStoffV – zusätzliche Schutzmaßnahmen) erfüllen.

Weiterhin ist bei der Festlegung der Schutzmaßnahmen darauf zu achten, dass hierdurch keine neuen Gefährdungen hervorgerufen werden. Sollte das der Fall sein, sind die geplanten Maßnahmen kritisch zu hinterfragen und/oder ggf. alternative bzw. zusätzliche Maßnahmen zu formulieren.

Bevor die Schutzmaßnahmen festgelegt werden, ist es notwendig, Schutzziele zu formulieren und darauf basierend geeignete Maßnahmen abzuleiten. Hierbei darf man sich nicht dazu verleiten lassen, eine Maßnahme festzulegen und umzusetzen, nur um schnellstmöglich das vermeintliche Risiko zu reduzieren. Das kann bedeuten, dass evtl. nur ein Teilerfolg erzielt wird. Denn ein Schutzziel kann auch durch eine unterschiedliche Priorisierung der Maßnahmen erreicht werden.

Bild 33: *Verwendung von geeigneten Steighilfen bei Wartungsarbeiten zur Verhinderung von (Ab-)Stürzen*

14.4 Schritt 4: Festlegen von Schutzzielen und Schutzmaßnahmen

Bild 34: *Verwendung einer Quellabsaugung von Dieselmotorenemissionen*

Bild 35: *Ausstattung eines Arbeitsplatzes in der Funkwerkstatt mit Lichtlupe und Absaugeinrichtung für Lötdämpfe*

Die zu formulierenden Schutzziele sollen den Soll-Zustand erfassen und grundsätzlich zu einem sicheren Betriebszustand führen. Die normierten Schutzziele ergeben sich aus Gesetzen, aus Verordnungen, aus den Vorgaben der Unfallversicherungsträger, aus Normen etc. Das Vermeiden von Gefahren muss als grundsätzliches Schutzziel verstanden werden. Wo das nicht möglich ist, gilt es das festgestellte Risiko mindestens auf ein akzeptables Niveau zu reduzieren.

Liegen keine normierten Schutzziele vor, was für den Aufgabenbereich bei der Feuerwehr oder im Rettungsdienst durchaus zu erwarten ist, müssen eigene Schutz-

14 Gefährdungsbeurteilung in 7 Schritten

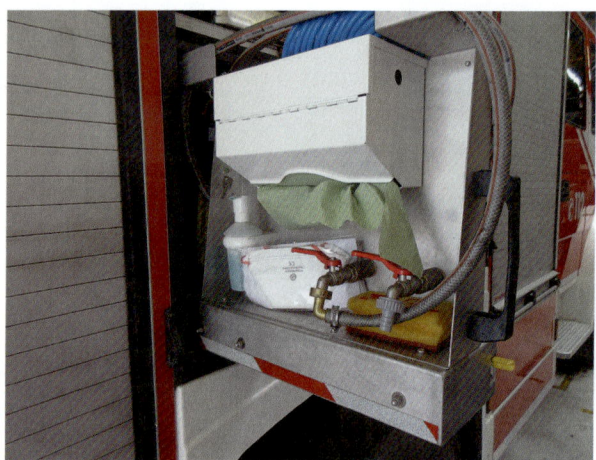

Bild 36: *Einbau von Hygieneboards zur Durchführung der Einsatzstellenhygiene*

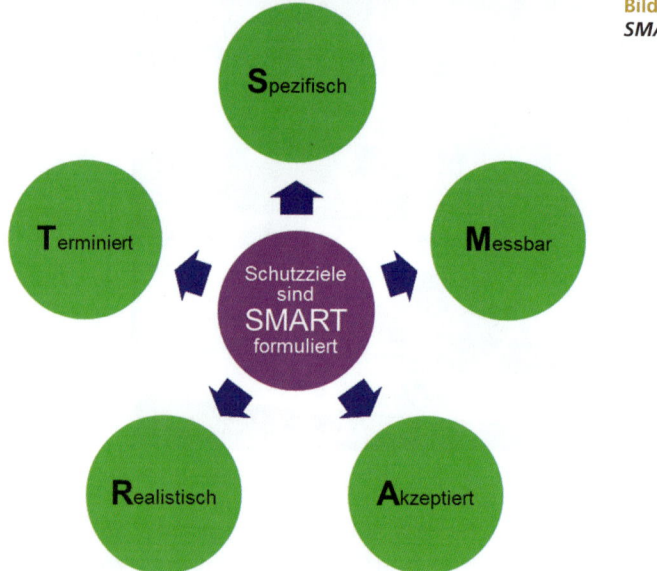

Bild 37: *SMART-Kriterien*

ziele formuliert werden, wobei die Schutzziele sehr konkret gefasst und als Ergebnis beschrieben sein müssen (Bsp.: *„Stichverletzungen im Rettungsdienst sind zu vermeiden"*). Hierbei muss man sich aber auch darüber im Klaren sein, dass je nach Zusammenhang auch eine Verfeinerung der Schutzzielformulierung notwendig werden kann.

14.4 Schritt 4: Festlegen von Schutzzielen und Schutzmaßnahmen

Bei der Erarbeitung der Schutzziele ist darauf zu achten, dass eindeutige Ziele vorgegeben werden. Für die Erarbeitung von Schutzzielen gibt es diverse Vorgehensweisen. Als eine Möglichkeit, geeignete Schutzziele zu formulieren und deren Erreichung sicher zu stellen, hat sich die Verfahrensweise nach der SMART-Methode (Hobel & Schütte, 2006) bewährt.

Nach der SMART-Methode ist ein Ziel nur dann klug oder zutreffend formuliert, wenn die nachfolgenden 5 Bedingungen – spezifisch, messbar, akzeptiert, realistisch und terminiert –, vgl. hierzu Bild 37, erfüllt sind.

Die 5 Bedingungen (SMART-Kriterien) lassen sich folgendermaßen beschreiben:

Spezifisch Die Schutzziele zur Erreichung des Soll-Zustandes sind eindeutig zu definieren, damit alle Beteiligten die gleichen Zielvorstellungen haben. Auf diese Weise kann ein möglicher Interpretationsspielraum umgangen werden.

Messbar Die Schutzziele müssen nachprüfbar sein. Das bedeutet, dass durch bestimmte Zahlenwerte oder andere Vergleichskriterien eindeutige und greifbare Vorgaben gemacht werden, die später objektiv zu erkennen sind.

Akzeptiert Die Schutzziele müssen von den Beschäftigten befürwortet werden und die Beschäftigten müssen mit ihnen übereinstimmen, denn nur dann sind auch hoch gesteckte Ziele zu erreichen. Bei der Formulierung sollte auf negierende Begriffe wie »kein« oder »nicht« verzichtet werden, denn negative Zielformulierungen bleiben möglicherweise unbeachtet.

Realistisch Die gesetzten Schutzziele müssen praxisnah formuliert und mit den vorhandenen Möglichkeiten zu erreichen sein; dieser Punkt hat eine enge Bindung zur Akzeptanz, denn nur praxisnahe Ziele werden von den Beschäftigten auch akzeptiert.

Terminiert Es ist ein genauer Zeitpunkt, bis zu dem ein Schutzziel erreicht werden soll, vorzugeben.

Auf der Grundlage der so erarbeiteten Schutzziele können dann die geeigneten Maßnahmen und Lösungen entwickelt werden, um das Risiko zu reduzieren. Dabei ist gemäß § 4 Arbeitsschutzgesetz eine bestimmte Rangfolge einzuhalten. Nach dem Arbeitsschutzgesetz sind die Gefahren an ihrem Ursprung zu beseitigen. Bei den weiteren Maßnahmen ist der Stand der Technik zu beachten und eine geeignete Arbeitsorganisation sicher zu stellen. Individuelle Maßnahmen haben gegenüber technischen oder organisatorischen Maßnahmen einen nachgeordneten Rang. Die Beschäftigten sind über die betrieblichen Schutzmaßnahmen, z. B. im Rahmen von Unterweisungen, Betriebsanweisungen oder Kennzeichnungen von Gefahrenstellen zu informieren. Aus den Vorgaben des § 4 ArbSchG lässt sich eine Rangfolge von Maßnahmen ableiten und nach dem **STOPP-Prinzip** veranschaulichen (Bild 38). Hierbei ist zu beachten, dass zum Erreichen eines Schutzziels auch mehrere Maßnahmen abgeleitet und festgelegt werden können.

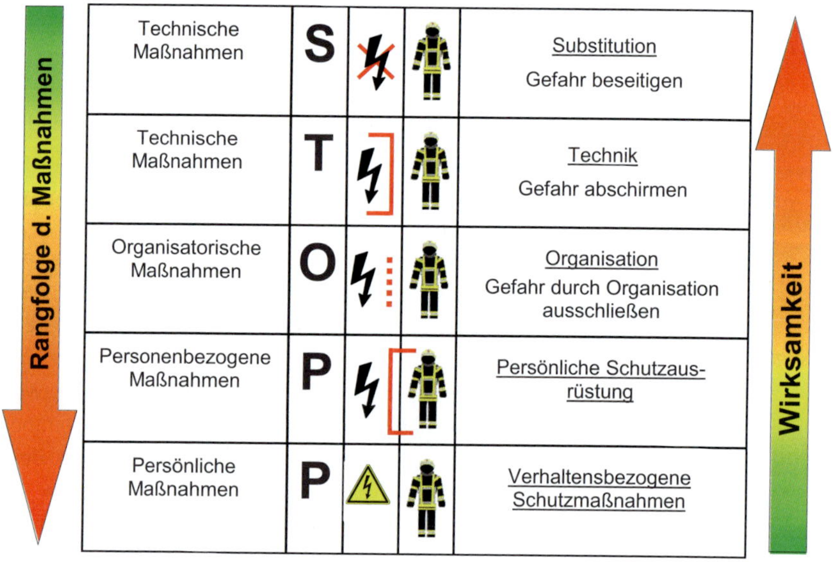

Rangfolge d. Maßnahmen				Wirksamkeit
Technische Maßnahmen	S		Substitution Gefahr beseitigen	
Technische Maßnahmen	T		Technik Gefahr abschirmen	
Organisatorische Maßnahmen	O		Organisation Gefahr durch Organisation ausschließen	
Personenbezogene Maßnahmen	P		Persönliche Schutzausrüstung	
Persönliche Maßnahmen	P		Verhaltensbezogene Schutzmaßnahmen	

Bild 38: *Maßnahmenhierarchie*

Die in Bild 38 dargestellte Maßnahmenhierarchie ist nicht absolut, was bedeutet, dass es durchaus Situationen geben kann, in denen möglicherweise von der Abfolge der einzuleitenden Maßnahmen abgewichen wird. Die Gefährdungen im Einsatz der Feuerwehren oder der Rettungsdienste können vielfach nicht durch Substitution oder technische Maßnahmen ausgeschlossen bzw. beseitigt werden. Die Verwendung der PSA ist hier die einzige Möglichkeit einen angemessenen Schutz herbeizuführen.

Mit Bezug auf die Maßnahmenhierarchie (Bild 38) lassen sich die Ansatzpunkte für die Maßnahmen auf der Grundlage des STOPP – Prinzip auch im Erklärungsmodell verdeutlichen (Bild 39). Die Substitution ① (die Beseitigung der Gefahr) setzt dabei direkt an der Gefahrenquelle an. Dahingegen wirken die technischen ② (z. B. Abschirmen der Gefahrenquelle) und organisatorischen ③ (z. B. Beschränken der

14.4 Schritt 4: Festlegen von Schutzzielen und Schutzmaßnahmen

Expositionszeit) Maßnahmen auf die möglichen gefahrenbringenden Bedingungen. Die personenbezogenen Maßnahmen ④ (z. B. Tragen der PSA) und die persönlichen Maßnahmen ⑤ (z. B. Beachten von Sicherheitshinweisen, Betriebsanweisungen) haben die Beschäftigten zum Ziel.

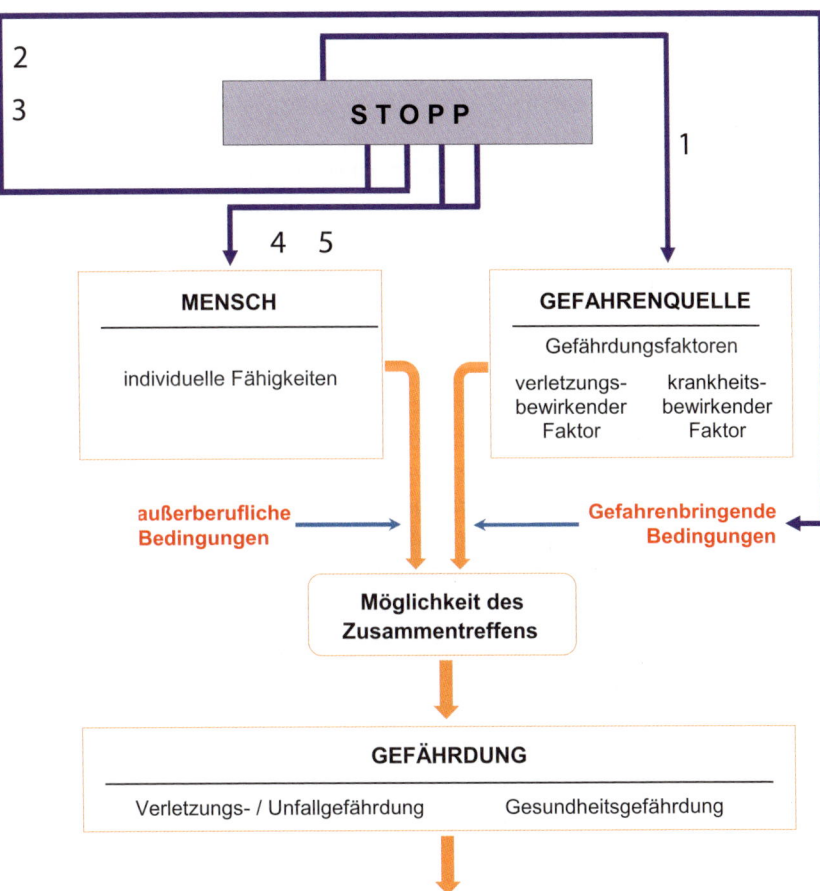

Bild 39: *Ansatzpunkte der Maßnahmen*

Nachfolgend werden die einzelnen Buchstaben des **STOPP-Prinzips** in Bezug auf ihre Bedeutung noch einmal aufgegriffen und kurz am Beispiel des Betriebs eines Pressluft-Kompressors für die Atemschutzwerkstatt erläutert:

- **S**ubstitution
  Die Gefahrenquelle wird durch Austausch beseitigt.
  In der Atemschutzwerkstatt wird ein Kompressor betrieben, dessen Lärmemission die Grenzwerte überschreitet. Der Kompressor wird im Rahmen einer Ausschreibung durch einen lärmgedämmten Kompressor ersetzt.
- **T**echnik
  Durch den Einsatz technischer Maßnahmen wird die Gefahr gemindert oder das Zusammentreffen von Mensch und Gefahr verhindert. Technische Maßnahmen zeichnen sich dadurch aus, dass sie effektiv und nahezu ohne Berücksichtigung des persönlichen Verhaltens der Beschäftigten umgesetzt werden können.
  Die Lärmemission des in der Atemschutzwerkstatt betriebenen Kompressors wird dadurch abgeschirmt, dass der Kompressor in einem separaten, entsprechend gedämmten Raum betrieben wird.
- **O**rganisation
  Durch organisatorische Maßnahmen werden bestimmte Arbeitsbereiche räumlich voneinander getrennt oder die mögliche Expositionszeit begrenzt. Organisatorische Maßnahmen müssen von den Beschäftigten akzeptiert werden und bedürfen der Kontrolle durch Vorgesetzte.
  Der Kompressor und die in der Atemschutzwerkstatt stattfindende Prüfung sind in verschiedenen Räumen mit einem entsprechenden Abstand zueinander organisatorisch untergebracht oder der Kompressor wird nur betrieben, wenn sich keine Beschäftigten in der Atemschutzwerkstatt aufhalten; die maximale Aufenthaltsdauer in der Nähe des Kompressors ist explizit vorgegeben.
- **P**ersönliche Schutzausrüstung
  Für die Mitarbeiter wird eine geeignete Persönliche Schutzausrüstung (PSA) bereitgestellt. Das kann einen erhöhten Kontrollaufwand zur Folge haben. Die Beschäftigten müssen die PSA ordnungsgemäß verwenden; die PSA muss in regelmäßigen Abständen auf ihre Schutzwirkung geprüft werden. Durch die Verwendung der PSA können möglicherweise neue Gefährdungen entstehen.
  Den Mitarbeitern wird geeigneter Gehörschutz als PSA zur Verfügung gestellt, den sie beim Arbeiten in der Nähe des Kompressors oder beim Betreten des Kompressorraums anzulegen haben. Durch die Verwendung des Gehörschutzes kann es zu einer erschwerten Wahrnehmung von Warnsignalen kommen.

- **P**ersönliche Maßnahmen
  Gefahrenbereiche werden mittels Warn-/Gebots- und Verhaltenshinweisen für die Beschäftigten gekennzeichnet. Im Rahmen von Unterweisungen oder Fortbildungen/Schulungen erfolgt die Information der Beschäftigten über betriebliche Gefahrenbereiche. Diese Maßnahmen setzen eine entsprechende Aufmerksamkeit der Beschäftigten voraus. Ein erhöhter organisatorischer Aufwand kann erforderlich sein, um das persönliche Verhalten der Mitarbeiter positiv zu beeinflussen.
  An der Zugangstür zum Kompressorraum sind die entsprechenden Schilder, z. B. Zutritt nur für Betriebspersonal, Gehörschutz tragen etc., gut sichtbar angebracht.

In jedem der nach dem STOPP – Prinzip ablaufenden Schritte ist zu prüfen, ob mit der vorgesehenen Maßnahme eine Gefährdung beseitigt oder zumindest auf ein weniger risikobehaftetes Niveau reduziert werden kann. Grundsätzlich ist zu beachten, dass durch die festgelegten Maßnahmen zur Beseitigung einer Gefährdung keine neuen Gefährdungen entstehen.

Die Wirksamkeit der Maßnahmen für die Sicherheit und den Schutz der Gesundheit der Beschäftigten nimmt von der Beseitigung einer Gefahr (Substitution) über technische Maßnahmen, organisatorische Maßnahmen, die Bereitstellung und Verwendung von PSA bis zum individuellen Verhalten der Beschäftigten hin ab. Gemäß § 4 Arbeitsschutzgesetz ist den technischen und/oder organisatorischen Maßnahmen vor den persönlichen Maßnahmen der Vorzug zu geben.

Bei der Verwendung der PSA ist die Gefahr immer noch vorhanden. Der Einsatz von PSA ist nur unter der Voraussetzung gegeben, dass technische und/oder organisatorische Maßnahmen nicht umzusetzen, nicht annehmbar oder nicht geeignet sind. Die persönlichen Maßnahmen setzen ein angepasstes Verhalten der Beschäftigten voraus und sind eher ergänzend einzusetzen, da sie nur bedingt einen Schutz bieten.

14.5 Schritt 5: Durchführen der Maßnahmen

In Schritt 5 geht es nun um die Durchführung der Maßnahmen. Die festgelegten Maßnahmen müssen von den Führungskräften, die für den jeweiligen Aufgabenbereich verantwortlich sind, umgesetzt werden. Die Richtigkeit und Notwendigkeit der Umsetzung der Maßnahmen kann möglicherweise in einem ersten Moment zu Akzeptanz- und Verständnisproblemen führen. Hier wird noch einmal die Wichtigkeit

Bilder 40a und b:
Schutzmaßnahmen der Beschäftigten durch Kennzeichnung der Verkehrsflächen auf dem Betriebsgelände

der frühen Einbindung der Beschäftigten, der Führungskräfte und der weiteren Beteiligten im Verfahren der Gefährdungsbeurteilung deutlich. Nur ein transparenter und nachvollziehbarer Ablauf der Gefährdungsbeurteilung kann letztendlich in einer erfolgreichen Durchführung der Maßnahmen münden.

Im Rahmen der Durchführung der Maßnahmen ist auch zu entscheiden, ob möglicherweise aufgrund des Ergebnisses der Beurteilung der Gefährdungen ein akuter oder genereller Handlungsbedarf besteht und ob dementsprechend unmittelbar Maßnahmen zum Schutz der Beschäftigten eingeleitet werden müssen. Das kann auch zur Folge haben, dass Arbeitsplätze gesperrt, feuerwehr- oder medizintech-

14.5 Schritt 5: Durchführen der Maßnahmen

Bild 41: *Maßnahme zum Schutz der Beschäftigten an unübersichtlichen Bereichen*

nische Geräte (Arbeitsmittel) sofort der weiteren Nutzung im Dienst- und Einsatzbetrieb bei der Feuerwehr entzogen/stillgelegt oder Arbeitsprozesse überarbeitet werden müssen.

Sind mit den Maßnahmen bauliche oder technische Änderungen im Rahmen der Beseitigung der Gefahr verbunden, muss davon ausgegangen werden, dass damit ein längerfristiger Prozess verbunden ist, der eine Planung und eine Neubeschaffung bzw. eine Berücksichtigung bei zukünftigen Neubeschaffungen mit sich bringt. Vor diesem Hintergrund sind in Abhängigkeit von Schritt 4, Schutzziele und Schutzmaßnahmen sowie Interimslösungen notwendig, die das jeweilige Risiko und den sich ergebenden Handlungsbedarf berücksichtigen. In dieser Situation kommen dann beispielsweise Maßnahmen in Betracht, die in der Zielhierarchie eine niedrigere Priorität besitzen. Das können organisatorische Maßnahmen oder der Einsatz von Persönlicher Schutzkleidung sein.

Für die Umsetzung der Sicherheitsmaßnahmen sind die Verantwortlichen namentlich zu benennen. Im Allgemeinen handelt es sich hierbei um die Führungskräfte, die gemäß Geschäftsverteilungsplan/Organigramm für den jeweiligen Arbeitsbereich zuständig sind (z. B. Leiter der Werkstatt, Leiter des Ausbildungsbereichs).

Weiterhin ist es notwendig, einen bestimmten Termin zu benennen, bis zu dem die Durchführung der Maßnahmen abgeschlossen sein soll. In der öffentlichen Verwaltung erweist sich die Einhaltung solcher Termine wegen der Hinweise auf ein fehlendes oder nicht freigegebenes Budget als schwierig; an dieser Stelle sei auf § 3 Arbeitsschutzgesetz (ArbSchG) verwiesen, wonach der Arbeitgeber die finanziellen Mittel bereitzustellen hat.

14.6 Schritt 6: Maßnahmen überprüfen

Bei der Überprüfung der Maßnahmen gilt es zwei Dinge zu beachten. Einerseits muss kontrolliert werden, ob die festgelegten Maßnahmen zum Schutz der Beschäftigten der Feuerwehr bzw. des Rettungsdienstes im Rahmen des vorgegebenen Zeitfensters ausgeführt wurden und ob die beabsichtigte Wirksamkeit der getroffenen Maßnahmen in Bezug auf die Beseitigung oder Verringerung der Gefährdung (erreichen bzw. unterschreiten des Grenzrisikos) auch tatsächlich eingetreten ist. Sofern sich aufgrund der umgesetzten Maßnahmen möglicherweise neue Gefährdungen ergeben bzw. ergeben haben, sind die Maßnahmen zu überarbeiten und neue Lösungen zu suchen.

Die Überprüfung der Wirksamkeit der Maßnahmen ist ein wesentlicher Bestandteil bei der Durchführung von Gefährdungsbeurteilungen. Die Kontrolle der Maßnahmen sollte unter Berücksichtigung eines sog. Vier-Augen-Prinzips von einer zweiten Person (z. B. Vorgesetzter des Erstellers der Gefährdungsbeurteilung) durchgeführt werden, die in diesem Fall unvoreingenommen ist.

Die Überprüfung hat für die Führungskräfte zur Konsequenz, dass auch die Einhaltung der organisatorischen und der individuellen Maßnahmen, die bestimmungsgemäße Verwendung der Arbeitsmittel und ggf. die Nutzung der PSA zu kontrollieren ist.

Der Zeitpunkt, an dem die Maßnahmen sinnvoll überprüft werden sollen, ist nur schwer vorzugeben. Die Beseitigung von Gefahren (Substitution) oder technische Maßnahmen lassen sich möglicherweise kurzfristig umsetzen, womit die Realisierung zeitnah kontrolliert werden kann. Andere Maßnahmen benötigen zur Umsetzung eine größere Vorlaufzeit. Deshalb hängt der Zeitpunkt der Überprüfung vom Einzelfall ab.

14.7 Schritt 7: Dokumentation

In Schritt 7 und damit dem letzten Schritt der Gefährdungsbeurteilung erfolgt die Dokumentation. Diese dient nicht nur der Kontrolle der erfolgten Umsetzung der Maßnahmen, sondern auch dem Nachweis der rechtskonformen Vorgehensweise. Weiterhin bildet die Dokumentation der Gefährdungsbeurteilung die Grundlage für die durchzuführenden Unterweisungen.

Auf der Grundlage von § 6 Arbeitsschutzgesetz bzw. § 3 Abs. 3 DGUV Vorschrift 1 müssen die ermittelten Gefährdungen, die Risikobewertung, die festgeleg-

14.7 Schritt 7: Dokumentation

ten Schutzmaßnahmen und die Überprüfung der Wirksamkeit der Maßnahmen dokumentiert werden. Die Dokumentation muss mit Hinweis auf § 6 Arbeitsschutzgesetz schriftlich erfolgen. Für die weitere Verwendung, z. B. zur Einsicht für die Beschäftigten, kann die Dokumentation der einzelnen Schritte der Gefährdungsbeurteilung in schriftlicher oder elektronischer Form zur Verfügung gestellt werden. Weitere Hinweise auf die Notwendigkeit der Dokumentation ergeben sich aus § 3 ArbStättV (Dokumentation vor Aufnahme der Tätigkeit), aus § 7 BioStoffV (Dokumentation der Gefährdungsbeurteilung), aus § 6 Abs. 8 und 9 GefStoffV (Informationsermittlung und Gefährdungsbeurteilung) oder aus § 3 BetrSichV (Gefährdungsbeurteilung).

Es werden keine besonderen Forderungen an die formelle Gestaltung, d. h. die Art und Weise der Dokumentation gestellt. Dennoch empfiehlt sich eine einheitliche Form, damit die Informationen strukturiert vorliegen und rasch entnommen werden können. Die Ausführlichkeit der Dokumentation richtet sich dabei nach grundsätzlichen Strukturen bei der Feuerwehr oder dem Rettungsdienst. Es kann die Notwendigkeit bestehen, dass neben der Dokumentation von Mindestanforderungen (Bezeichnung des Arbeitsplatzes/Arbeitsmittels, ermittelte Gefährdungen, Risikobewertung, festgelegte Schutzmaßnahmen, Wirksamkeitsprüfung) weitere Unterlagen beigefügt werden müssen. Hierbei kann es sich um Erkenntnisse des Arbeitsmediziners aus Untersuchungen, um Erkenntnisse aus der Geräteprüfung oder andere Dokumente handeln, die bei der Entscheidungsfindung zur Festlegung von Maßnahmen eine Rolle spielen. Eine Möglichkeit zur Dokumentation bietet der Musterdokumentationsbogen (Anhang 2), welcher im Downloadbereich der Homepage kohlhammer-feuerwehr.de entnommen werden kann.

Die Dokumentation der einzelnen Schritte der Gefährdungsbeurteilung sowie die Nutzung der unterschiedlichen Felder in dem Dokumentationsbogen sind in den folgenden Bildern kurz beschrieben und entsprechend gekennzeichnet.

Bei der Dokumentation im Rahmen der Gefährdungsbeurteilung ist zunächst z. B. die Bezeichnung des betrachteten Arbeitsmittels/Arbeitsprozesses (Bild 42, Position ①) anzugeben.

Die bei der Feuerwehr oder dem Rettungsdienst erstellten Gefährdungsbeurteilungen sollten durchnummeriert werden und sind dementsprechend mit einer fortlaufenden Nummer zu versehen (Bild 42, Position ②).

Im Zuge der Dokumentation ist weiterhin zu notieren, ob es sich um eine Arbeitsstätte (Gerätehaus/Feuerwache), einen Arbeitsablauf bzw. Arbeitsprozess (z. B. patientenorientierte Rettung), einen Arbeitsplatz (z. B. Prüfstand für Atemschutzanschlüsse) oder um ein Arbeitsmittel (feuerwehrtechnisches/medizintechnisches Gerät) handelt (Bild 42, Position ③).

Gefährdungsbeurteilung in 7 Schritten

Zudem ist der Name desjenigen zu dokumentieren, der die Gefährdung als Fachkundiger durchgeführt hat (Bild 42, Position ④). Weiterhin wird die Dokumentation durch die Angabe des Erstelldatums, des vorgesehenen Überprüfungs- bzw. Revisionsdatums und des Freigabedatums (Bild 42, Position ⑤) für die Bekanntmachung bei der jeweiligen Feuerwehr bzw. dem Rettungsdienst vervollständigt.

Da die Fachkraft für Arbeitssicherheit im Allgemeinen in den Prozess der Gefährdungsbeurteilung eingebunden ist, besteht die Möglichkeit, die Gefährdungsbeurteilung durch die Fachkraft für Arbeitssicherheit abzeichnen zu lassen (Bild 42, Position ⑥); das ist jedoch nicht zwingend erforderlich.

Mit der Unterschrift des Leiters der Feuerwehr, des Feuerwehrkommandanten oder des Verantwortlichen für den Rettungsdienst (Bild 42, Position ⑦) erhält die

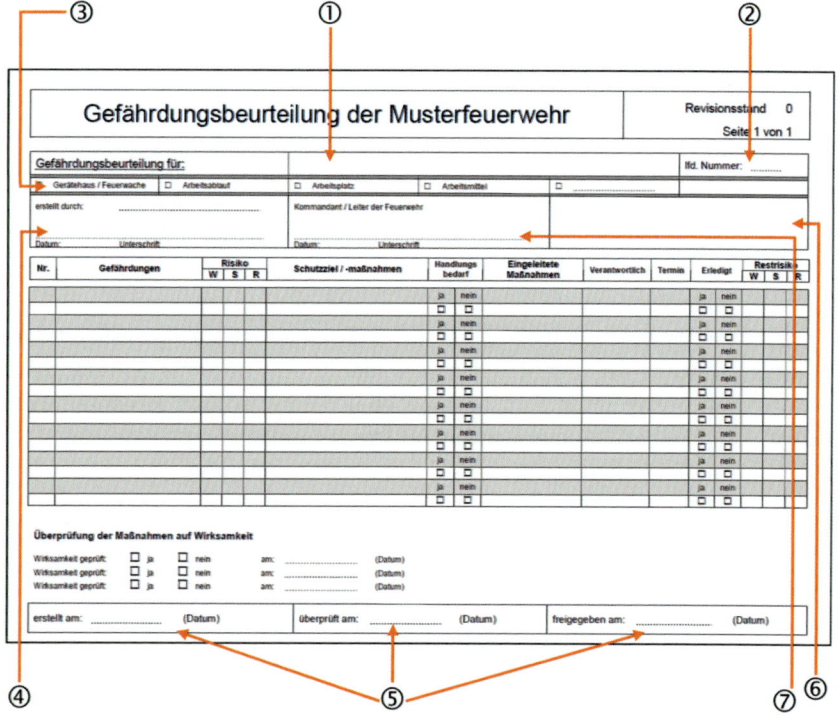

Bild 42: *Dokumentation (Formalien)*

14.7 Schritt 7: Dokumentation

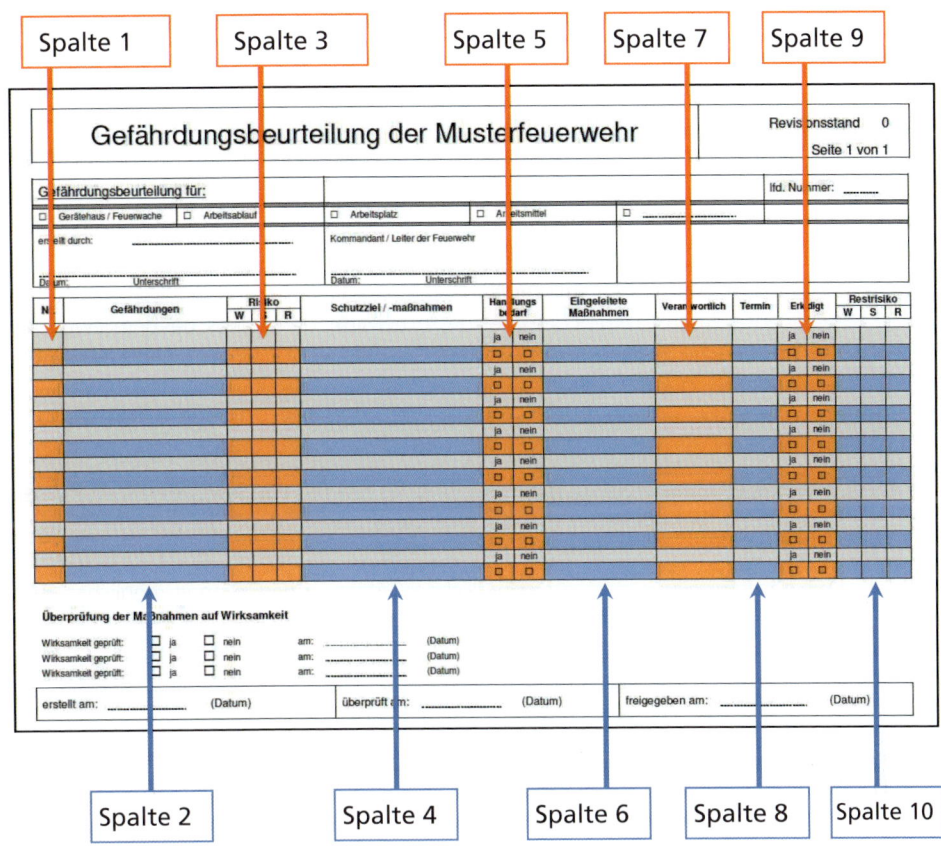

Bild 43: *Spalten des Dokumentationsbogens*

Gefährdungsbeurteilung ihre Gültigkeit für die jeweilige Feuerwehr bzw. den Rettungsdienst.

Die Dokumentation der einzelnen Schritte der Gefährdungsbeurteilung wird nachfolgend erläutert:

In Spalte 1 des Dokumentationsbogens (vgl. Bild 43) kann die jeweilige Nummer der ermittelten Gefährdung eingetragen werden.

In Spalte 2 (vgl. Bild 43) werden alle Gefährdungen oder Belastungen eingetragen, die auf der Grundlage von Schritt 2 ermittelt worden sind und die zu einem Unfall oder einer gesundheitlichen Schädigung bei den Beschäftigten führen können.

Die Spezifikationen bzw. Differenzierungen zu den jeweiligen Gefährdungsfaktoren werden unterhalb der jeweiligen Gefährdung notiert. Es ist darauf zu achten, dass alle ermittelten Gefährdungen/Belastungen erfasst werden und die Dokumentation so genau wie möglich durchgeführt wird.

Für die Abschätzung des Risikos erfolgt im Rahmen der Risikoanalyse die Zuweisung von Zahlenwerten gemäß der Kategorisierung für die Bewertungsaspekte »Wahrscheinlichkeit des Eintretens (W)« und »zu erwartendes Schadensausmaß (S)« (vgl. Tabelle 12, Kap. 14.3).

Der jeweilige, mathematische Wert des Produktes aus Wahrscheinlichkeit (W) und Schadensausmaß (S) ergibt den Wert des zu erwartenden Risikos, das dem jeweiligen Gefährdungsfaktor bzw. der jeweiligen Spezifikation/Differenzierung zugewiesen werden kann. Die ermittelten Zahlenwerte für die Wahrscheinlichkeit des Eintretens (W) und des zu erwartenden Schadensausmaßes (S) sowie die sich daraus ergebenden Werte für das Risiko werden in Spalte 3 (vgl. Bild 43) des Dokumentationsbogens eingetragen. Zudem erfolgt die Zuordnung des Risikos in die jeweiligen Risikoklassen durch farbliche Markierung des entsprechenden Feldes des Risikowerts in Spalte 3.

Aus der Beurteilung der unterschiedlichen Gefährdungen können möglicherweise nur eine oder mehrere Maßnahmen zur Erreichung des vorgesehenen Schutzziels hervorgehen. Schutzziel/-maßnahmen und auch bereits realisierte Schutzmaßnahmen werden unter Beachtung des STOPP-Prinzips an den markierten Stellen in Spalte 4 des Dokumentationsbogens (Bild 43) eingetragen.

In Spalte 5 (Bild 43) wird eingetragen, ob sich ein Handlungsbedarf aus dem Ist-/Soll-Abgleich ergibt. Ist im Rahmen der Risikoanalyse das ermittelte Risiko oberhalb des Grenzrisikos angesiedelt, sind Maßnahmen zum Schutz der Sicherheit bzw. der Gesundheit der Beschäftigten erforderlich. Hieraus muss abgeleitet werden, dass ein Handlungsbedarf besteht. Liegt ein signifikantes Risiko (im Bereich des Grenzrisikos) vor, kann Handlungsbedarf bestehen; im Fall eines niedrigen Risikos (im Bereich des Restrisikos) besteht i. a. kein Handlungsbedarf.

In Spalte 6 des Dokumentationsbogens in Bild 43 wird vermerkt, ob und welcher Art mögliche Sofortmaßnahmen sein können. Hier ist detailliert zu vermerken, welche möglichen Maßnahmen bei einem festgestellten hohen Risiko unmittelbar zur Ausführung kommen, um die Gefahr für die Beschäftigten zu senken. In dieser Spalte können auch Maßnahmen dokumentiert werden, die dazu dienen, nur für einen Übergangszeitraum zu wirken, bis technische Maßnahmen zur Umsetzung kommen. Ggf. sind auch bei einem signifikanten Risiko zur Unterschreitung des Grenzrisikos Schutzmaßnahmen einzuleiten und entsprechend zu dokumentieren.

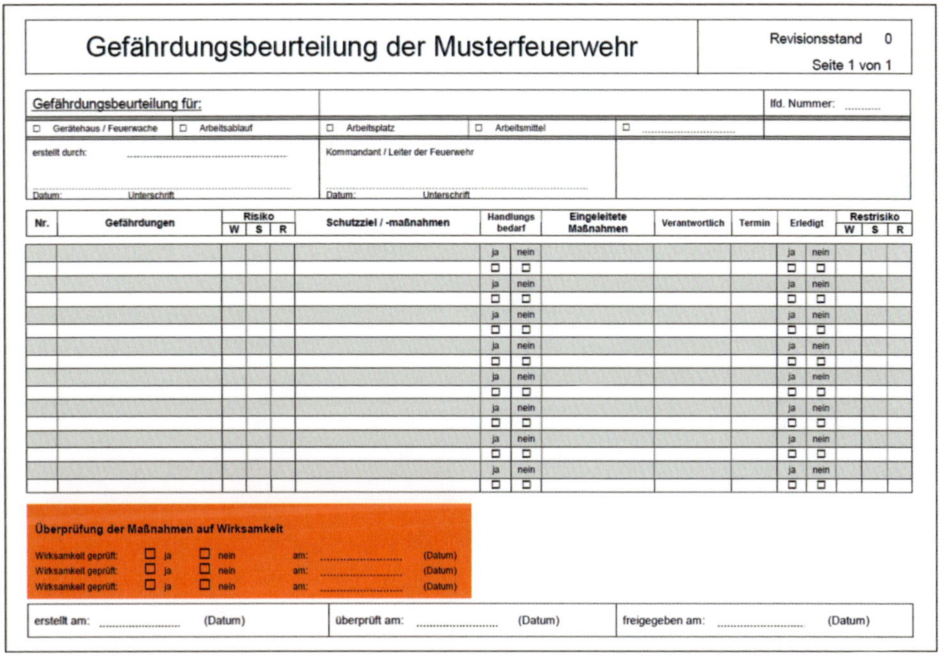

14.7 Schritt 7: Dokumentation

Bild 44: *Dokumentation der Wirksamkeitsüberprüfung*

Aus der Risikobewertung kann sich ein Handlungsbedarf aus dem Ist-/Soll-Abgleich und damit die Umsetzung von Schutzmaßnahmen ergeben. Der Name der Führungskraft (z. B. der Fachbereichsleiter), der für die Umsetzung der Maßnahmen zuständig ist, wird in Spalte 7 (Bild 43) notiert.

Des Weiteren ist es erforderlich, den festgelegten Termin, bis zu dem fristgerecht die notwendigen Maßnahmen durchzuführen sind, zu dokumentieren. Das erfolgt in Spalte 8 (Bild 43) des Dokumentationsbogens.

Ebenso wie bei den vorherigen Schritten der Gefährdungsbeurteilung ist die Kontrolle der Umsetzung der Schutzmaßnahmen erforderlich. Ist die diese termingerecht erfolgt, kann das durch Ankreuzen in Spalte 9 (Bild 43) entsprechend dokumentiert werden.

Um eine Aussage über das verbleibende, trotz der umgesetzten Schutzmaßnahmen auf der Grundlage des STOPP-Prinzips vorhandene Risiko treffen zu können, führt man wiederum eine Risikobewertung analog der in Kap. 14.3 (Beurteilen der

Gefährdungen) beschriebenen Vorgehensweise durch. Das Ergebnis sowie die Zuordnung des Risikos zu der jeweiligen Risikoklasse wird im Dokumentationsbogen an der entsprechenden Stelle in Spalte 10 (Bild 43) notiert.

Abschließend ist noch die Überprüfung der Wirksamkeit der Maßnahmen zu dokumentieren. Ist die Wirksamkeit festgestellt worden, erfolgt unter Angabe des Prüfungsdatums die Kennzeichnung an der im Dokumentationsbogen markierten Stelle (Bild 44). Ggf. kann hinter dem Datum handschriftlich durch Angabe des Namens und des Kurzzeichens ergänzt werden.

15 Gefährdungsbeurteilung psychische Belastung

15.1 Allgemein

Die Beschäftigten bei den Feuerwehren sowie den Rettungsdienstorganisationen sind aufgrund des täglichen Einsatzgeschehens einer hohen psychischen Belastung ausgesetzt und mit den unterschiedlichsten Situationen konfrontiert (Karutz et al, 2013). Durch psychische Belastungen, z. B. durch den Umgang mit plötzlichen Stresssituationen (Stadler & Schärtel, 2007) oder die Konfrontation mit emotionalen Ausnahmesituationen (Mühlbach, 1997) kann die persönliche Gesundheit und das Wohlbefinden beeinflusst werden (Schmid et al., 2008). Zudem können enge Zeitvorgaben oder eine sog. hohe Arbeitsverdichtung zu einem negativen Empfinden im Arbeitsumfeld beitragen.

Seit Ende des Jahres 2013 sieht das Arbeitsschutzgesetz im Zuge der Novellierung in § 5 auch die Beurteilung von psychischen Gefährdungen als Pflichtaufgabe vor. Für eine grundsätzliche Verbesserung der Sicherheit und der Gesundheit ist es gemäß § 4 ArbSchG erforderlich, dass psychische Gefährdungen vermieden und das verbleibende Restrisiko sehr klein gehalten wird.

Bei der Durchführung der Gefährdungsbeurteilung gibt es auf der rechtlichen Ebene nur die Vorgabe zu deren Durchführung. Der Weg bzw. die Methoden sind durchaus variabel.

Das grundsätzliche Ziel der Gefährdungsbeurteilung ist wie bei den eher technischen Gefährdungen auch bei der Beurteilung von psychischen Gefährdungen die möglichen Ursachen für eine Gesundheitsgefährdung zu vermeiden oder zumindest zu verringern. Im Rahmen der Gefährdungsbeurteilung von psychischen Belastungen geht es nicht darum, individuelle Probleme der Beschäftigten aufzudecken oder nachzuweisen. Vielmehr hat es eine weitaus größere Relevanz psychische Belastungen im Arbeitsumfeld frühzeitig zu erkennen und diese zu vermeiden.

15.2 Psychische Belastungen und Beanspruchungen

Umgangssprachlich wird der Begriff »Belastung« im Sinne von Beeinträchtigung oder Problem verstanden und ist daher mit einem negativen Attribut belegt und wird bildlich als eine zu tragende Last dargestellt. Fälschlicher Weise werden psychische

15 Gefährdungsbeurteilung psychische Belastung

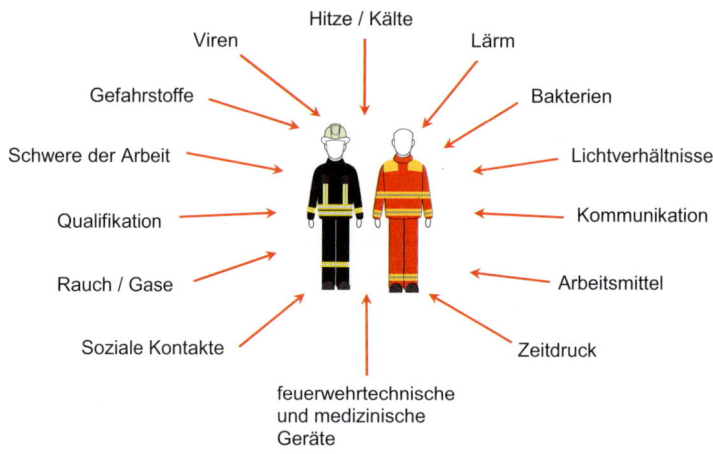

Bild 45: *Auswahl möglicher Belastungsfaktoren für Beschäftigte der Feuerwehr/des Rettungsdienstes*

Belastungen auch mit psychischen Erkrankungen (z. B. psychische Störungen) gleichgesetzt.

Aus der Sicht von Forschung und Wissenschaft (Arbeitspsychologie) wird die »psychische Belastung« wertneutral, d. h. weder positiv noch negativ, gesehen (Metz, H.-J. Rothe, 2017). Nach Definition der DIN EN ISO 10075-1 versteht man unter psychischer Belastung die »Gesamtheit aller erfassbaren Einflüsse, die von außen auf den Menschen zukommen und psychisch auf ihn einwirken«. Als psychisch werden die Kriterien der Wahrnehmung sowie die sozialen, emotionalen und physiologischen (Lärm, Lichtverhältnisse etc.) Bedingungen (Metz, H.-J. Rothe, 2017) verstanden.

Eine Auswahl möglicher Belastungen, die auf die Beschäftigten der Feuerwehren wie auch der Rettungsdienstorganisationen einwirken können, ist in Bild 45 dargestellt.

Die von außen auf die Beschäftigten einwirkenden Einflüsse haben ihre Ursprünge in den entsprechenden Arbeitsbedingungen. Zu diesen Arbeitsbedingungen gehören z. B. die nachfolgend aufgeführten Belastungsfaktoren:

- **Arbeitsaufgabe/Arbeitsinhalt:**
  (hierbei geht es darum, inwieweit Planung, Organisation, Umsetzung und Kontrolle eine Rolle spielen oder aber auch die Variabilität der Aufgaben wie auch die Qualifikation bzw. Verantwortung),

15.2 Psychische Belastungen und Beanspruchungen

- **Arbeitsorganisation:**
  (z. B. die Organisation der Arbeitszeit, die Pausenregelungen, ungestörte Arbeitsabläufe, die Arbeitsintensität unter Berücksichtigung der für die zu erledigende Arbeit zur Verfügung stehenden Zeit und die Kommunikation von Informationen),
- **Arbeitsumgebung:**
  (das sind beispielsweise die physikalischen Bedingungen wie Lärm, Beleuchtung, Hitze/Wärme aber auch die Schwere der Arbeit, die Ergonomie oder die notwendigen Arbeitsmittel und Werkzeuge),
- **Soziale Beziehungen:**
  (hierunter ist die Zuordnung von Weisungsbefugnis, das Verhältnis zum Vorgesetzten in Bezug auf Rat/Hilfe oder Anerkennung/Wertschätzung sowie das kollegiale Verhältnis – ggf. in Bezug auf Mobbing – zu verstehen),
- **Neuartige Arbeitsformen:**
  (das beinhaltet z. B. die räumliche Mobilität u. a. durch Erreichbarkeit mit Mobiltelefon oder elektronischer Post sowie keine eindeutige Abgrenzung zwischen Berufs- und Privatleben durch Bereitschaftszeit).

Psychische Belastungen können sich positiv in Form von Motivation, Wohlbefinden oder Spaß an der Arbeit bzw. negativ in Form von Stress oder Ermüdung auswirken. Inwieweit psychische Belastungen positive oder negative Reaktionen auslösen, hängt dabei von der Belastbarkeit, d. h. von den individuellen Voraussetzungen mit Belastungen umzugehen, ab (Wolf et al., 2014).

Vor dem Hintergrund der Gefährdungsbeurteilung liegt bei der Betrachtung der Belastungsfaktoren der Fokus verstärkt auf den negativ wirkenden Belastungen bzw. den sogenannten Fehlbelastungen. Dennoch dürfen die positiv wirkenden Belastungen (Ressourcen), die möglichen Fehlbelastungen entgegenwirken, nicht außer Acht gelassen werden.

Über die vorgenannten, an die Checkliste der GDA-Leitlinie (GDA), 2015) angelehnten Belastungsfaktoren hinaus, haben auch noch andere Faktoren eine Bedeutung, die weniger auf die verbeamteten als auf die angestellten Beschäftigten bei der Feuerwehr oder der Rettungsdienstorganisation zutreffen. Das können die Notwendigkeiten von Anpassungen an eine neue Arbeitsorganisation verbunden mit einer neuen Zusammenstellung von Rettungsmittel- oder Wachbesetzungen, erweiterten Kompetenzen oder neuen Vorschriften sein. Aber auch befristete Arbeitsverhältnisse, die sich aus der Ausschreibung von Rettungsmitteln ergeben können, haben einen Einfluss auf psychische Fehlbelastungen (Lohmann-Haislah, 2012). Des

15 Gefährdungsbeurteilung psychische Belastung

Weiteren tragen auch intransparente Beförderungs- bzw. Vergütungssysteme oder ein hoher Konkurrenzdruck zu psychischen Fehlbelastungen bei.

Im Rettungsdienst kommen auch noch Faktoren hinzu, die auf den Umgang mit Patienten (Patientenfaktoren) zurückgehen, die der Arbeitsaufgabe oder dem Arbeitsinhalt zuzuordnen sind. Bei den Patientenfaktoren sind das Umfeld, in dem sich der Einsatz abspielt oder die jeweilige, persönliche Situation des Patienten, sein Alter (z. B. ein Kind) sowie mögliche extreme Geruchsempfindungen zu nennen. In den Bereich der Arbeitsaufgabe/-inhalte lässt sich beispielsweise eine unklare Alarmierung zum Einsatz oder ausbleibende Informationen nach einem Reanimationseinsatz als Konkretisierung benennen. Unter den Belastungsfaktor »Arbeitsorganisation« kann beispielsweise die Einsatzfahrt unter Wahrnehmung von Sonder- und Wegerechten, die unregelmäßigen Pausenzeiten und die damit verbundene unregelmäßige Ernährung oder die Entscheidungsverantwortung zusammengefasst werden.

Aus psychischen Belastungen resultieren unmittelbare, individuelle Reaktionen bei den Beschäftigten. In diesem Zusammenhang spricht man von psychischen Beanspruchungen. Die DIN EN ISO 10075-1 definiert die psychische Beanspruchung als »die unmittelbare Auswirkung der psychischen Belastung im Individuum in Abhängigkeit von seinen jeweiligen überdauernden und augenblicklichen Voraussetzungen, einschließlich der individuellen Bewältigungsstrategien«. Zu den überdauernden und augenblicklichen Voraussetzungen zählen beispielsweise die individuellen Fähigkeiten bzw. Fertigkeiten, die Erfahrungen, die Kenntnisse oder die persönlichen Einstellungen bzw. die momentane, individuelle körperliche und geistige Verfassung. Die individuellen Bewältigungsstrategien umreißen die Fähigkeit, Aufgaben oder Probleme zu lösen und Schwierigkeiten bzw. Hindernisse aus dem Weg zu räumen. Das bedeutet, dass der Einzelne auf psychische Belastungen durch individuelle Prozesse in Form von Anpassungs- oder Abwehrvorgängen reagiert.

Grundsätzlich hängt eine psychische Beanspruchung vom Umfang, der Zeitspanne und der zeitlichen Abfolge ab.

In den wissenschaftlichen Forschungen sind diverse Modelle zur Auslegung der Zusammenhänge zwischen psychischen Belastungen und den Konsequenzen für die Gesundheit entwickelt worden.

Die begriffliche Beziehung zwischen Belastung und Beanspruchung lässt sich auf der Grundlage des von Rohmert als Erklärungsmodell entwickelten Belastungs-Beanspruchungs-Konzepts sehr pragmatisch darstellen (Rohmert, 1984).

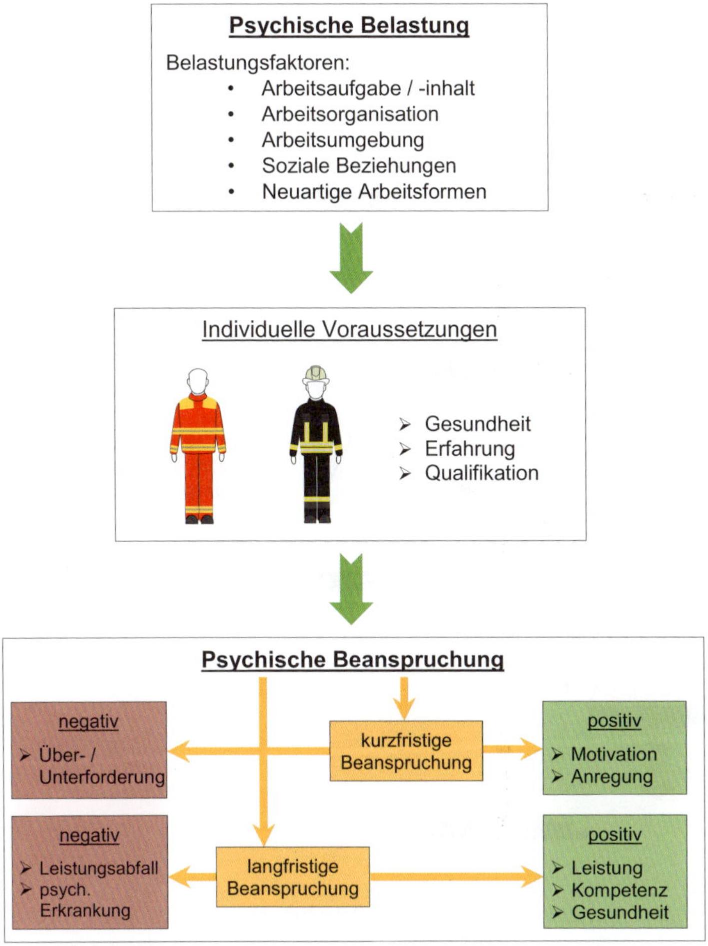

15.2 Psychische Belastungen und Beanspruchungen

Psychische Belastung

Belastungsfaktoren:
- Arbeitsaufgabe / -inhalt
- Arbeitsorganisation
- Arbeitsumgebung
- Soziale Beziehungen
- Neuartige Arbeitsformen

Individuelle Voraussetzungen

- Gesundheit
- Erfahrung
- Qualifikation

Psychische Beanspruchung

kurzfristige Beanspruchung

negativ
- Über- / Unterforderung

positiv
- Motivation
- Anregung

langfristige Beanspruchung

negativ
- Leistungsabfall
- psych. Erkrankung

positiv
- Leistung
- Kompetenz
- Gesundheit

Bild 46: *Belastungs-Beanspruchungskonzept in Anlehnung an das BAuA-Modell*

Das Belastungs-Beanspruchungs-Konzept ist – in Anlehnung an die Ausführungen der Bundesanstalt für Arbeitsschutz und Arbeitsmedizin (BAuA) (Joiko et al., 2010) – in Bild 46 dargestellt.

Die psychischen Beanspruchungen können kurzfristige oder langfristige Konsequenzen haben und sich positiv oder negativ auswirken. Die positiven Auswir-

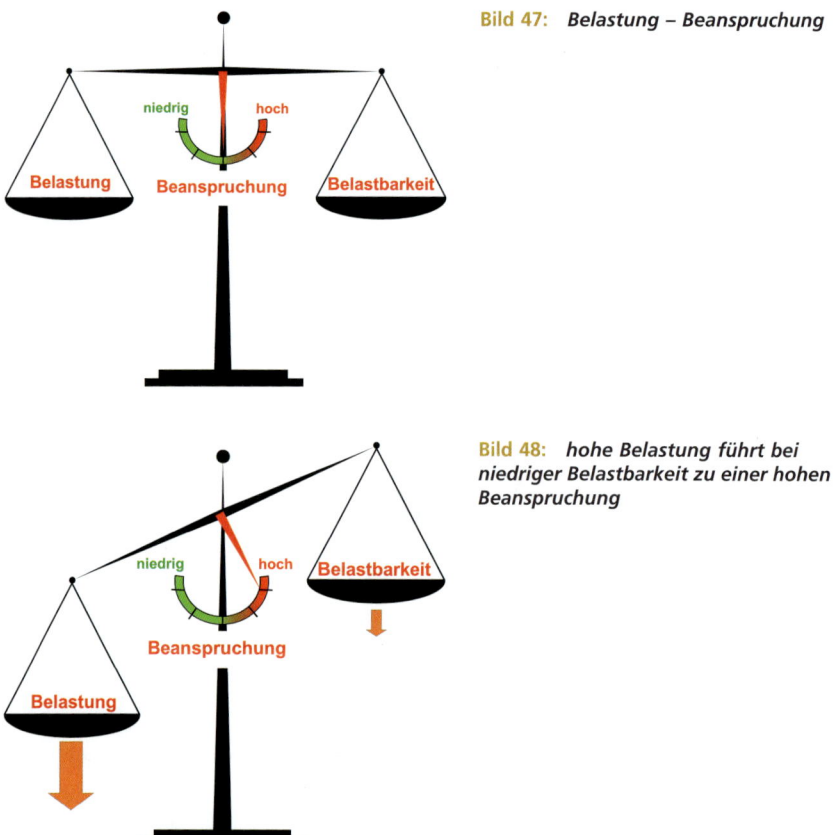

Bild 47: Belastung – Beanspruchung

Bild 48: hohe Belastung führt bei niedriger Belastbarkeit zu einer hohen Beanspruchung

kungen aufgrund von psychischen Belastungen können beispielsweise die Wahrnehmung einer abwechslungsreichen Arbeit oder auf der Grundlage eines persönlichen Erfolgsempfindens ein hoher Lernfortschritt sein. Negative Auswirkungen sind in diesem Zusammenhang die Folge einer Über- oder Unterforderung z. B. Motivationsstörungen, Unzufriedenheit oder Leistungsabfall. Negative Beanspruchungen können bis zu psychischen Erkrankungen führen. Ob sich eine psychische Belastung zu einer positiven oder negativen Beanspruchung auswirkt, ist stark von den individuellen Fähigkeiten und Qualifikationen abhängig.

Die gesundheitsschädigende Wirkung von psychischen Gefährdungen wird oft nur längerfristig auch aufgrund der individuell verschiedenen Reaktionen erkennbar (Wolf et al., 2014).

15.2 Psychische Belastungen und Beanspruchungen

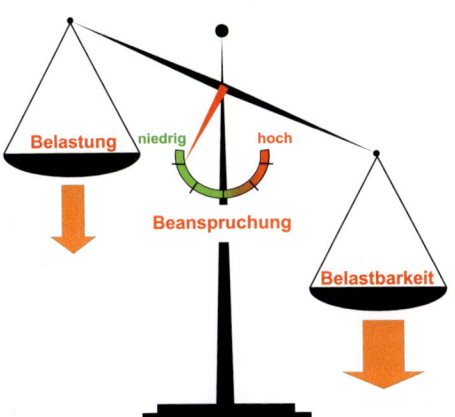

Bild 49: *hohe Belastung führt bei hoher Belastbarkeit zu einer niedrigen Beanspruchung*

Die prinzipiellen Beziehungen zwischen Belastung und Beanspruchung unter Berücksichtigung der individuellen Voraussetzungen bzw. Eigenschaften (Belastbarkeit) lassen sich an einem einfachen Modell (Bild 47) veranschaulichen.

Bei einer bestimmten Belastung und gleichbleibender Belastbarkeit (individuelle Voraussetzungen/Eigenschaften) steht die Beanspruchung in einer direkten Abhängigkeit zur Belastung. Das bedeutet, dass bei gleichbleibenden individuellen Eigenschaften eine Änderung in der Belastung auch zu einer Änderung der Beanspruchung führt. Oder bei gleichbleibender Belastung haben die veränderten individuellen Eigenschaften einen Einfluss auf die Änderungen der Beanspruchung.

Ist der Einzelne aufgrund seiner Belastbarkeit nicht in der Lage, eine Belastung auszugleichen, hat das eine hohe Beanspruchung (Bild 48) zur Folge, was sich über einen Arbeitstag/Dienstschicht betrachtet in einer schnellen Ermüdung bzw. Erschöpfung äußert.

Kann der Einzelne aufgrund seiner individuellen Eigenschaften die Belastung mindestens kompensieren, wird die Beanspruchung eher niedrig sein (Bild 49).

Daraus kann man die Schlussfolgerung ziehen, dass sich eine gleichbleibende Belastung bei unterschiedlichen Personen mit jeweils individuellen Eigenschaften in einer sich ändernden Beanspruchung äußert.

Fühlen sich die Beschäftigten bei einer hohen Belastung im Arbeitsumfeld wohl (hohe Belastbarkeit), resultiert eine positive Beanspruchung (gesundheits- und arbeitsfördernd), die sich in einer hohen Motivation und Leistungsbereitschaft äußert, wenn sich Handlungsfreiheiten bzw. Anerkennungen durch Vorgesetzte ergeben.

15 Gefährdungsbeurteilung psychische Belastung

Negative, kurzfristige Beanspruchungen können sich zu langfristigen Beanspruchungen entwickeln, die das Verhalten (Motivation) oder die Leistungsbereitschaft (Ermüdung, Stress) negativ beeinflussen.

Besonders im Rettungsdienst kommt der emotionalen Belastbarkeit eine hohe Bedeutung zu. Hier geht es u. a. darum, beim Patienten oder Angehörigen durch eine geeignete Kommunikation positive Reaktionen und damit ein kooperierendes Verhalten zu erzeugen. Problematisch in Bezug auf die Folgen einer Beanspruchung wird die Situation, wenn dem Gegenüber (Patienten oder Angehörige) positives Empfinden entgegengebracht werden soll, obwohl man selbst eine Abneigung empfindet oder sich in der Situation entgegen seiner eigenen Überzeugung verstellen muss, um ggf. eine Eskalation zu vermeiden. Das kann zu langfristigen, negativen Folgen der psychischen Beanspruchung führen (Seiter, 2012).

In der Betrachtung der biologischen, chemischen oder physikalischen Gefährdungen kann man durchaus einen linearen Zusammenhang zwischen der Konzentration oder der Dosis und der sich ergebenden Konsequenzen bei überschreiten eines Grenzwerts herstellen. Das ist bei der Untersuchung der psychischen Gefährdungen aber nicht zu erwarten, da die individuellen Eigenschaften und die Belastungsfaktoren einen bedeutsamen Einfluss haben sowie individuelle Grenzwerte nachvollziehbarer Weise nicht vorliegen.

15.3 Beurteilung psychischer Gefährdungen

Die Gefährdungsbeurteilung psychischer Gefährdungen verläuft ganz analog wie die Gefährdungsbeurteilung der technologischen Gefährdungsbeurteilungen. Auch bei der Beurteilung psychischer Gefährdungen kann man analog der bereits in Kapitel 14 vorgestellten Verfahrensweise vorgehen und 7 Schritte identifizieren, die grundsätzlich gemeinsam mit den Gefährdungsbeurteilungen für technisch-physikalischen Bereiche durchgeführt werden können.

Es muss das Ziel sein, die positiv wirkenden Belastungen, die Ressourcen, zu fördern bzw. zu intensivieren sowie die negativ wirkenden Belastungen (Fehlbelastungen) zu identifizieren und zu vermeiden bzw. zumindest zu minimieren. Hierbei ist der Fokus auf die wesentlichen Belastungsfaktoren zu legen.

15.3 Beurteilung psychischer Gefährdungen

15.3.1 Schritt 1: Vorbereiten

Eine gute Vorbereitung ist auch für die Beurteilung von psychischen Gefährdungen eine wichtige Grundlage für eine erfolgreiche Gefährdungsbeurteilung. Es ist wenig zielführend, die technischen Gefährdungsbeurteilungen und diejenigen der psychischen Gefährdungen parallel zueinander zu betrachten. Es erscheint besser, bei den Tätigkeiten oder in den jeweiligen Arbeitsbereichen die Analyse der Belastungsfaktoren, beispielsweise die Arbeitsorganisation und die sozialen Beziehungen bzw. die Qualifikation der Beschäftigten sinnvoll zu integrieren.

Um diese Aspekte sowie die weiteren Strukturen bzw. Planungen ergebnisorientiert und erfolgreich umzusetzen, ist es empfehlenswert eine Projektgruppe zusammen zu stellen, die vorab ein abgestimmtes Vorgehenskonzept festlegt. Diese Projektgruppe kann aus den jeweiligen Führungskräften, u. a. auch in der Funktion des Arbeitgebervertreters, der Fachkraft für Arbeitssicherheit, dem betreuenden Arbeitsmediziner und der Personalvertretung bestehen. Gibt es keine Interessenvertretung der Beschäftigten ist es die Aufgabe der Fachkraft für Arbeitssicherheit sich intensiv für die Gesundheit der Beschäftigten einzusetzen.

Es ist sinnvoll, die Beschäftigten frühzeitig über das Ziel und die Durchführung der Gefährdungsbeurteilung zu informieren und eine Vertrauensbasis zu schaffen, damit das Verständnis dafür geweckt wird, dass die Gefährdungsbeurteilung ausschließlich dazu dient, Fehlbelastungen aufzudecken und angemessene Schutzmaßnahmen festzulegen. Zudem ist es notwendig, zu vermitteln, dass die gewonnenen Informationen ausschließlich für die Erstellung der Gefährdungsbeurteilung verwendet und absolut vertraulich behandelt werden. Im Rahmen einer angemessenen Transparenz sollte eine geeignete Präsentation der Informationen, beispielsweise im Rahmen einer Dienstbesprechung oder Informationsveranstaltung, gewählt werden. Das gilt letztendlich auch für die Präsentation der Ergebnisse der Gefährdungsbeurteilung und für die vereinbarten Maßnahmen.

Da es für psychische Belastungen keine allgemeingültigen Grenzwerte oder messbaren Faktoren gibt, ist es wichtig, ein geeignetes Verfahren zur Ermittlung der Informationen, die als Grundlage für die Gefährdungsbeurteilungen in Frage kommen, festzulegen. Das kann im Rahmen der vorbereitenden Planung in der Projektgruppe vorgenommen werden. Als Erhebungsmethode für die Informationen der zu untersuchenden Arbeitsbereiche oder Tätigkeiten kommen folgende Methoden in Betracht:

15 Gefährdungsbeurteilung psychische Belastung

- Mitarbeiterbefragungen auf der Grundlage von Fragebögen
- Mitarbeiter-Workshops
- Arbeitsplatzbeobachtungen

Die Generierung der Fragen/Fragebögen in der Projektgruppe erscheint besonders mit Blick auf den fachlichen Anspruch als sehr zweckdienlich. Mit der Ermittlung von Informationen im Rahmen der vorgenannten Methoden und deren Auswertung kann auch ein Institut oder eine Universität beauftragt werden, wenn den Vorgaben des Datenschutzes und der Anonymisierung Rechnung getragen wird.

Analog den technischen Gefährdungsbeurteilungen müssen auch bei der Beurteilung der psychischen Gefährdungen die zu untersuchenden Arbeitsbereiche und die Verantwortlichen festgelegt werden; ebenso ist der Zeitaufwand zu bestimmen. Diese Aufgabe fällt auch in die Zuständigkeit der Projektgruppe.

15.3.2 Schritt 2: Ermitteln

Für Feuerwehren oder Rettungsdienstorganisationen mittlerer oder großer Kategorie erscheint die Informationsgewinnung auf der Grundlage von Fragebögen zur Ermittlung der psychischen Gefährdungen als ein sehr pragmatischer Ansatz. Mit anonymisierten Fragebögen können eine große Zahl von Beschäftigten erreicht werden und es lässt sich auf einer belastbaren Datengrundlage aufbauen. Die Auswertung kann relativ einfach durch Auszählen erfolgen.

Bei Mitarbeiter-Workshops oder Arbeitsplatzbeobachtungen ist zwar ein intensives Einbinden und Beteiligen der Beschäftigten möglich, doch steht dem ein sehr hoher Zeitaufwand bei der Durchführung und ggf. auch bei der Auswertung der Ergebnisse entgegen. Die Leitung eines Mitarbeiter-Workshops sollte von einem neutralen, geschulten Moderator übernommen werden. Andernfalls kann es Vorbehalte aufgrund der fehlenden Anonymität und der direkten Ansprache geben. Die Mitarbeiter-Workshops oder Arbeitsplatzbeobachtungen erscheinen eher für kleine Organisationen, wo eine anonymisierte Befragung mittels Fragebogen nicht möglich ist, als geeignet.

Für die Generierung von Fragen/Fragebögen kann auf in den Medien verfügbare Fragebögen zurückgegriffen werden. Dabei sind die Fragen ggf. auf die betrieblichen Verhältnisse anzupassen. Im Rahmen der Mitarbeiterbefragung sind die genannten Belastungsfaktoren in ihrer Gesamtheit oder in begründeten Fällen auch in Teilen zu untersuchen.

15.3 Beurteilung psychischer Gefährdungen

Im Rettungsdienst können aufgrund einer Vielzahl von Einsätzen vor dem Hintergrund einer möglichen Überforderung oder wegen langer Wartezeiten auf einen weiteren, folgenden Einsatz psychische Belastungen resultieren. Bei einer Überforderung hat der Einzelne kaum eine Möglichkeit das evtl. Belastende angemessen zu verarbeiten und bei langen Wartezeiten auf einen Folgeeinsatz kann die Ungewissheit über den Zeitpunkt des Einsatzes als belastend empfunden werden. Aber auch Reanimationen, die nicht erfolgreich verlaufen, können eine psychische Belastung darstellen (BAuA, 2012). Vor diesem Hintergrund erscheint eine fundierte Informationsgrundlage für die Beurteilung von möglichen psychischen Belastungen als sehr wichtig.

Die Auswertung von Fragebögen ersetzt in keinem Fall die Gefährdungsbeurteilung; sie ist als Hilfe bzw. Hinweis zur Identifizierung von psychischen Gefährdungen zu verstehen. Auf diese Weise erhält man einen ersten Überblick über die Tätigkeiten, in denen möglicherweise Fehlbelastungen auftreten. Man spricht in diesem Fall von einem orientierenden Instrument (Joiko et al., 2010). Orientierende Instrumente zeichnen sich im Allgemeinen durch eine überschaubare Anzahl an Fragen und ein zweistufiges (Ja/Nein oder »trifft zu«/»trifft nicht zu«) Beantwortungssystem aus. Einen »Fragebogen zur psychischen Belastung« können Sie im Downloadbereich (Anhang 6) herunterladen.

Nachdem mit dem orientierenden Instrument eine Übersicht über Fehlbelastungen erarbeitet worden ist, können im Rahmen von Screening-Instrumenten, beispielsweise mit Fragebögen, die eine ausführlichere Beantwortung der Fragen zulassen, tiefer gehende Ergebnisse erzielt und auf diese Weise Belastungen identifiziert werden. Als Antworten im Rahmen eines Screening-Instruments kommen Antworten wie »Ja«, »eher Ja«, »teils-teils«, »eher nein« und »nein« oder »trifft zu«, »trifft eher zu«, »teils-teils«, »trifft eher nicht zu«, »trifft nicht zu« als Auswahlmöglichkeit in Betracht.

Nachteilig bei der Mitarbeiterbefragung ist, dass die gewonnenen Informationen bzw. Daten entsprechend interpretiert und noch nicht identifizierte Belastungen nur durch eine geeignete Fragestellung aufgedeckt werden können. Für viele Bereiche der Arbeitswelt wurden bereits Fragen zur Identifizierung von Belastungen formuliert. Für den Bereich der Feuerwehr oder des Rettungsdienstes ist das nicht der Fall, sodass hier die eigene Kreativität und der Sachverstand gefragt sind.

15.3.3 Schritt 3: Beurteilung/Auswertung der Ergebnisse

Die Beurteilung, d. h. die Durchführung eines Ist-/Soll-Abgleichs, ab wann eine psychische Belastung vorliegt, ist nicht trivial. Vor dem Hintergrund der dargestellten Belastungsfaktoren und ihrer gegenseitigen Beeinflussung sowie unter Berücksichtigung der individuellen Belastbarkeit können die Belastungen nur abgeschätzt werden, da z. B. einzuhaltende Grenzwerte nicht existieren. Daher müssen eigene Vorgaben definiert werden.

Bevor eine Auswertung beginnen kann, ist zu prüfen, ob alle Fragen der jeweiligen Fragebögen ausgefüllt sind. Um einer Verfälschung der Ergebnisse vorzubeugen, dürfen nur vollständig ausgefüllte Fragebögen ausgewertet werden. Die Auswertung der Antworten mit Hilfe einer Tabellen-Kalkulations-Software ermöglicht die Darstellung als Balkengrafik für die Einzelfragen und als Belastungsprofil in einer Spinnennetzgrafik. Die Rücklaufquote wird durch den folgenden, mathematischen Ansatz berechnet.

$$\text{Rücklaufquote} = \frac{\text{Zahl der ausgefüllten Fragebögen} \times 100}{\text{Anzahl der Beschäftigten}}$$

Damit belastbare Aussagen getroffen werden können, sollte die Rücklaufquote bei mind. 50 % liegen.

Ein Hinweis auf einen bestehenden Handlungsbedarf ergibt sich aus einer Häufigkeitsverteilung bei der Beantwortung der entsprechenden Fragen. Es erscheint angebracht, bei der Beurteilung bzw. Auswertung der Ergebnisse der Mitarbeiterbefragung zur psychischen Belastung mit prozentualen Abstufungen zu arbeiten. In Abhängigkeit von der Art der Fragestellung liefert ein Prozentsatz von mehr als 25 % negativen Antworten ein Indiz auf einen Belastungsschwerpunkt.

Auf der Grundlage der Vereinbarungen innerhalb der Projektgruppe besteht möglicherweise unterhalb des Prozentwerts von 25 % nur eine geringe oder unterdurchschnittliche Belastung; es besteht kein Interventionserfordernis. Ab einem Prozentwert von 25 % kann bereits ein Handlungsbedarf abgeleitet werden (Mittelfristiges Interventionserfordernis). Notwendigerweise ist ab einem Prozentwert von mehr als 50 % negativer Aussagen davon auszugehen, dass ein akuter Handlungsbedarf besteht, der zum sofortigen Einleiten von geeigneten Maßnahmen Veranlassung gibt (Sofortiges Interventionserfordernis).

Die genannten Prozentwerte sind jedoch nur als Anregung und nicht als grundsätzliche Vorgabe zu verstehen. Denn auch niedrigere Prozentwerte, beispielsweise bei den »Sozialen Beziehungen« können bereits Hinweise auf Fehlbelastungen (Mobbing) liefern.

15.3.4 Schritt 4: Festlegen von Maßnahmen

Ergibt sich aus der Beurteilung bzw. Auswertung der Ergebnisse ein Handlungsbedarf, sind einerseits die entsprechenden Maßnahmen zur Optimierung der Arbeitsbedingungen und damit zur Vermeidung bzw. zur Verringerung von Fehlbelastungen und andererseits gesundheitsfördernde Bedingungen abzuleiten.

Das bedeutet, dass die Belastungsfaktoren entsprechend gestaltet werden müssen, so dass idealer Weise keine gesundheitlichen Risiken durch psychische Gefährdungen resultieren (Verhältnisprävention). Dem gegenüber stehen Maßnahmen zur Förderung eines gesundheitsangepassten individuellen Verhaltens der Beschäftigten (Verhaltensprävention). Hierbei hat entsprechend der Maßnahmenreihenfolge gemäß dem Arbeitsschutzgesetz (STOPP-Prinzip) die sogenannte Verhältnisprävention Vorrang vor der Verhaltensprävention (BAuA, 2012), wobei grundsätzlich der Prävention eine hohe Bedeutung zukommt (Sandrock, 2011).

Als Orientierungshilfe bei der Formulierung geeigneter Maßnahmen zur Verbesserung der Belastungen und zur Begünstigung der Gesundheit dienen die in Tabelle 13 angegebenen Ansätze zur Verhältnis- und Verhaltensprävention, die auf den eigenen Zuständigkeitsbereich anzupassen sind.

Tabelle 13: *Ansätze zur Optimierung der Belastung und Förderung der Gesundheit (Flake, 2001)*

Ansätze (zur Auslegung der Maßnahmen)	Betrieb/Arbeitsstätte (verhältnisorientiert)	Beschäftigte (verhaltensorientiert)
belastungsorientiert Vermeiden bzw. Beseitigen gesundheitsgefährdender Arbeitsbedingungen und Belastungen	Optimierung der Belastungen Gestaltung • der Arbeitsorganisation, • der Arbeitszeit, • des Arbeitsplatzes, • der Arbeitsmittel, • der Arbeitsumgebung	Optimierung der persönlichen Ressourcen • Stressmanagement, • Entspannungstechniken, • Abbau von Risikoverhalten

15 Gefährdungsbeurteilung psychische Belastung

Tabelle 13: *Ansätze zur Optimierung der Belastung und Förderung der Gesundheit (Flake, 2001) – Fortsetzung*

Ansätze (zur Auslegung der Maßnahmen)	Betrieb/Arbeitsstätte (verhältnisorientiert)	Beschäftigte (verhaltensorientiert)
ressourcenorientiert Schaffen bzw. Erhalten gesundheitsförderlicher Arbeitsbedingungen und Kompetenzen	Aufbau von äußeren Ressourcen • Gestaltung der Arbeitstätigkeit durch Vergrößerung des Handlungs- und Entscheidungsraums • Gestaltung des Sozialklimas durch Förderung sozialer Unterstützung	Aufbau von inneren Ressourcen • Qualifikation durch die Arbeit, • Schulung und Fortbildung, • Kompetenztraining

Bei der Festlegung der Maßnahmen kann es hilfreich sein, auf die Erfahrungen der Führungskräfte und der Beschäftigten zurück zu greifen.

In Abhängigkeit von den Belastungen kommen ganz allgemein folgende Maßnahmen in Betracht:

- Verbesserungen der Kommunikation von erforderlichen Informationen
- höhere Qualifikation von Vorgesetzten im Bereich der gesundheitsförderlichen Mitarbeiterführung
- Optimierung der Qualifikation der Einsatzkräfte
- bessere Einbindung der Beschäftigten in die Organisation und Gestaltung des Wachalltags
- kreieren von Maßnahmen zur Teambildung und Gemeinschaftsförderung und damit Optimierung der gegenseitigen Unterstützung (Beseitigung von Störungen im sozialen Bereich)
- Entwicklung eines betrieblichen Gesundheitsmanagements
- Aufbau/Einrichtung eines PSU-Teams (Primär-/Sekundär- und Tertiärprävention)
- Zur Verfügung stellen von ausreichenden und geeigneten Arbeitsmitteln
- Optimierung des Führungsverhaltens von Vorgesetzten durch eine fundierte Qualifikation

Als Maßnahme kommt auch die Optimierung der persönlichen Ressourcen (Verringerung von Störgeräuschen) sowie der betrieblichen Maßnahmen (z. B. Beachtung ergonomischer Aspekte bei der Neubeschaffung von Arbeitsmitteln) in Frage.

15.3.5 Schritt 5: Durchführung der Maßnahmen

Nach der Festlegung der Maßnahmen kann eine Durchführung bzw. Umsetzung aber nur dann den gewünschten Erfolg haben, wenn die grundsätzlichen Rahmenbedingungen ebenfalls angepasst werden. Das bedeutet, dass eine entsprechende Gesundheitskultur etabliert wird, in der der Gesundheitsschutz eine wichtige Rolle spielt.

Sofern es möglich ist, einen bestimmten Soll-Zustand zu definieren, erleichtert das die Überprüfung inwieweit die veranlassten Maßnahmen geeignet sind.

15.3.6 Schritt 6: Überprüfung der Maßnahmen

Analog den Gefährdungsbeurteilungen des eher technologischen Bereichs und unter Beachtung von § 3 ArbSchG müssen auch die Maßnahmen im Bereich der psychischen Belastungen auf ihre Wirksamkeit hin überprüft werden.

Das kann zur Konsequenz haben, dass die Wirksamkeit mitunter über einen längeren Zeitraum hinweg beobachtet werden muss, da die Wirksamkeit der Maßnahmen im Vergleich beispielsweise zu Maßnahmen bei mechanischen Gefährdungen nicht unmittelbar erkennbar ist. Zumindest bei der Revision der Gefährdungsbeurteilung ist der späteste Zeitpunkt, um die Wirksamkeit zu überprüfen.

Nähert man sich der Überprüfung mit einem pragmatischen Ansatz, deutet bereits das Akzeptieren der Maßnahmen durch die Beschäftigten in die Richtung einer erfolgreichen Umsetzung. Um jedoch eine verlässliche Aussage zu erhalten, ist eine erneute Mitarbeiterbefragung unerlässlich.

15.3.7 Schritt 7: Dokumentation

Die Dokumentation dient auch hier zum einem als Nachweis, den rechtlichen Vorgaben nachgekommen zu sein und zum anderen als Grundlage für spätere Revisionen der Gefährdungsbeurteilung bzw. der Unterweisungen.

16 Zusammenfassung

Unzureichende Sicherheitsmaßnahmen oder die Unkenntnis von potentiellen Gefährdungen für die Sicherheit und die Gesundheit der Beschäftigten können die Grundlage von Arbeits- oder Dienstunfällen sein.

Gemäß dem Motto »Gefahr erkannt, Gefahr gebannt«, muss dem Präventionsgedanken im Arbeitsschutz eine besondere Bedeutung zugesprochen werden. Um mögliche Gefährdungen frühzeitig zu erkennen, stellt die systematische Betrachtung der Arbeitsabläufe, der Arbeitsplätze und der Arbeitsmittel im Rahmen der Gefährdungsbeurteilung ein essentielles Mittel im Arbeitsschutz bei der Feuerwehr und im Rettungsdienst dar. Das Ziel der Gefährdungsbeurteilung ist die Identifizierung von möglichen Gefährdungen für die Beschäftigten, die Beurteilung des Risikos und die Festlegung von Maßnahmen, um diese Gefährdungen zu beseitigen. Gerade im Bereich Feuerwehr und Rettungsdienst, wo eine vollständige Beseitigung der Gefahren oft nicht möglich ist, muss das bestehende Risiko mindestens auf das gerade noch akzeptable Maß reduziert werden. Seit 2013 besteht die rechtliche Vorgabe, auch die psychischen Belastungen im Rahmen der Gefährdungsbeurteilung zu betrachten und Gegenmaßnahmen festzulegen. Die vorgeschriebene Dokumentation der Ergebnisse aus der Gefährdungsbeurteilung dient der rechtlichen Absicherung. Die Gefährdungsbeurteilung sollte jedoch nicht als notwendiges Übel angesehen werden, sondern kann als Möglichkeit verstanden werden, ein sicheres und menschengerechtes Arbeitsklima zu gewährleisten. Durch die kontinuierliche Kontrolle kann eine Verbesserung der Sicherheit und der Gesundheit der Beschäftigten erzielt werden. Es ist wichtig, die Beschäftigten in die Erstellung der Gefährdungsbeurteilung und in die Vorgänge zur Umsetzung der Maßnahmen zu integrieren, um die erforderliche Akzeptanz für die notwendigen Maßnahmen zu erreichen. Nur, wenn sich Arbeitgeber und Beschäftigte dem Ziel eines erfolgreichen Arbeitsschutzes gemeinsam nähern, ist ein dauerhafter Erfolg zu erreichen.

Abkürzungen

ArbSchG	Arbeitsschutzgesetz
ArbStättV	Arbeitsstättenverordnung
ASiG	Arbeitssicherheitsgesetz
ASR	Technische Regeln für Arbeitsstätten
BAuA	Bundesanstalt für Arbeitsschutz und Arbeitsmedizin
BetrSichV	Betriebssicherheitsverordnung
BGB	Bürgerliches Gesetzbuch
BGW	Berufsgenossenschaft für Gesundheitsdienst und Wohlfahrtspflege
BildscharbV	Bildschirmarbeitsverordnung
BioStoffV	Verordnung über Sicherheit und Gesundheitsschutz bei Tätigkeiten mit biologischen Arbeitsstoffen (Biostoffverordnung)
DGUV	Deutsche Gesetzliche Unfallversicherung
DGUV Regelwerk	DGUV Vorschriften/Regeln/Grundsätze/Informationen
FwDV	Feuerwehrdienstvorschrift
GefStoffV	Gefahrstoffverordnung
GDA	Gemeinsame Deutsche Arbeitsschutzstrategie
GMBl	Gemeinsames Ministerialblatt
JArbSchG	Jugendarbeitsschutzgesetz
LasthandhabV	Lasthandhabungsverordnung
LärmVibrations ArbSchV	Lärm- und Vibrations-Arbeitsschutzverordnung
MANV	Massenanfall von Verletzten
MuSchG	Gesetz zum Schutz der erwerbstätigen Mütter
MuSchArbV	Verordnung zum Schutz der Mütter am Arbeitsplatz
OWiG	Gesetz über Ordnungswidrigkeiten
PSA	Persönliche Schutzausrüstung
PSA-BV	Persönliche Schutzausrüstung – Benutzungsverordnung
PR/PV	Personalrat/Personalvertretung
SGB	Sozialgesetzbuch
StGB	Strafgesetzbuch
StVZO	Straßenverkehrs-Zulassungs-Ordnung
TRBA	Technische Regeln für Biologische Arbeitsstoffe

Abkürzungen

TRBS Technische Regeln für Betriebssicherheit
TRGS Technische Regeln für Gefahrstoffe

Begriffserläuterungen

Arbeit:
Die Arbeit ist im Vergleich zur physikalischen Einordnung (Mechanik) ein nicht eindeutig definierter Begriff. Im Nachschlagewerk »Gablers Wirtschaftslexikon« findet sich die Definition, wonach Arbeit eine *„zielgerichtete, soziale, planmäßige und bewusste, körperliche und geistige Tätigkeit"* ist. **Zielgerichtet** bezieht sich dabei auf das zu verfolgende Ziel (erzeugen eines Produkts), **sozial** umreißt den Bezug zur Gesellschaft und **planmäßig** steht für den Weg das Ziel zu erreichen; die Adjektive **bewusst**, **körperlich** und **geistig** bedürfen an dieser Stelle keiner weiteren Interpretation.

Arbeitsbereich:
Der Arbeitsbereich umfasst den räumlichen Bereich, der nur von berechtigten Beschäftigten betreten werden darf.
Unter diesen Begriff fällt auch der Bereich an einem Arbeitsmittel, der von den Beschäftigten zu erreichen ist.

Arbeitsmittel:
Unter Arbeitsmittel versteht man die Werkzeuge, Geräte oder Maschinen, die für die Arbeit benutzt werden (BetrSichV).

Arbeitsplatz:
Der Arbeitsplatz kennzeichnet den räumlichen Bereich des Zusammenwirkens von Mensch und Arbeitsmittel innerhalb des Arbeitssystems.

Arbeitsschutz:
Begrifflich wird unter Arbeitsschutz die Summe aller Maßnahmen, Mittel und Methoden verstanden, die dazu geeignet sind, die Beschäftigten vor möglichen Gefährdungen ihrer Sicherheit und Gesundheit zu schützen.

Arbeitsstätte:
Die Arbeitsstätte kennzeichnet die räumliche Zusammenfassung eines oder mehrerer Arbeitsplätze auf einem Grundstück, die von den Beschäftigten während der Arbeit aufgesucht werden.

Begriffserläuterungen

Arbeitssystem:
Das Arbeitssystem stellt das Zusammenwirken von Beschäftigten, Arbeitsmitteln und Arbeitsgegenständen innerhalb einer Arbeitsumgebung dar, um eine Arbeitsaufgabe oder eine Arbeitsorganisation zu erfüllen (TRBS 1151).

Arbeitsumgebung:
Die Arbeitsumgebung umfasst die Bedingungen (vorhandene Arbeitsmittel, Gestaltung der Arbeitsstätte oder des Arbeitsplatzes, physikalische Faktoren etc.) unter denen die Arbeit ausgeführt wird (West, 2013).

Arbeitsvorgang:
Hierunter wird innerhalb des Arbeitssystems der Ablauf der Arbeiten zur Erfüllung einer Arbeitsaufgabe verstanden.

Beanspruchung:
Beanspruchungen sind die subjektiven Reaktionsmechanismen auf Belastungen, die in physische (z. B. des Herz-Kreislaufsystems, der Muskulatur etc.) und psychische Beanspruchung (z. B. der Aufmerksamkeit, des Gedächtnisses etc.) differenziert werden können.

Belastung:
Unter dem Begriff »Belastung« versteht man objektive, von außen auf den Menschen einwirkenden Kräfte bzw. Einflüsse (Nissen, 2013). Das können beispielsweise das Gewicht einer Last, Lärm, Zeitdruck aber auch Erwartungen an einen Beschäftigten, die dieser nicht erfüllen kann, sein.

Ergonomie:
Eine allgemeingültige Definition liegt nicht vor. Man versteht darunter die dem Menschen angepasste Arbeitsumgebung. Eine Arbeitsumgebung ist ergonomisch, wenn durch die Arbeit keine gesundheitlichen Gefahren oder Erkrankungen zu erwarten sind.

Gefahr:
Die Gefahr bezeichnet die Möglichkeit, dass der Mensch durch eine von einer Gefahrenquelle ausgehenden, unkontrolliert oder ungesichert frei werdenden Energie geschädigt werden kann.

Begriffserläuterungen

Gefahrenbereich:
Das ist der Bereich, in dem für die Beschäftigten kein Schutz durch geeignete Maßnahmen vor einer Gefährdung besteht.

Gefahrenquelle:
Die Gefahrenquelle ist der potentielle Ursprung einer Gefahr und ein permanent vorhandener Zustand, der aufgrund der Eigenschaften oder der Menge unter bestimmten Umständen zum Ursprung eines potentiellen Schadens werden kann.

Gefährdung:
Nach neuer Definition kennzeichnet die Gefährdung die Möglichkeit (ein Zustand oder eine Situation), dass ein Schaden oder eine gesundheitliche Beeinträchtigung eintreten kann, wobei keine bestimmte Anforderung an das Ausmaß oder die Eintrittswahrscheinlichkeit gestellt werden (BAuA, 2016).

Die von Nohl verwendete Definition (Nohl, 1989) beschreibt die Gefährdung als das räumliche und/oder zeitliche Aufeinandertreffen von einem Menschen und einer Gefahrenquelle.

Gefährdungsfaktoren:
Bei den Gefährdungsfaktoren handelt es sich um ein Ordnungssystem, das dazu dient, die möglichen Gefährdungen einzuordnen, die durch gleichartige Gefahrenquellen bestimmt werden. Mit Hilfe der Gefährdungsfaktoren kann man eine Aussage über die von einer Gefahrenquelle ausgehende, mögliche Gefährdung bei einem zeitlich-räumlichen Aufeinandertreffen von Mensch und Gefahrenquelle treffen.

Gefährdungsbeurteilung:
Unter der Gefährdungsbeurteilung versteht man das planmäßige Ermitteln und Bewerten der entscheidenden Gefährdungen. Mit der Gefährdungsbeurteilung wird das Ziel verfolgt, durch geeignete Maßnahmen die Sicherheit und den Schutz der Gesundheit der Beschäftigten zu gewährleisten.

Risiko:
Das Risiko definiert sich aus dem mathematischen Produkt der Wahrscheinlichkeit des Eintritts eines Schadens und der möglichen Schadenhöhe.

Grenzrisiko:
Das Grenzrisiko ist das höchste, gerade noch zu akzeptierende Risiko.

Begriffserläuterungen

Restrisiko:
Das Restrisiko ist das nach Umsetzung von geeigneten Schutzmaßnahmen noch verbleibende Risiko.

Risikobewertung:
Die Risikobewertung ist die Feststellung, ob das Risiko höher oder kleiner als das Grenzrisiko ist und die Entscheidung, ob das vorhandene Risiko unter bestimmten gesellschaftlichen Grundvoraussetzungen akzeptabel bzw. ein mögliches Restrisiko als vertretbar einzustufen ist.

Schutzziel:
Das Schutzziel ergibt sich aus den Gefährdungsbeurteilungen und definiert den Zustand der Sicherheit (Soll-Zustand), der mind. dem Stand der Technik entspricht.

Tätigkeit:
Nach § 2 Abs. 5 Gefahrstoffverordnung ist Tätigkeit als *„jede Arbeit mit Stoffen, Zubereitungen oder Erzeugnissen, einschließlich Herstellung, Mischung, Ge- und Verbrauch, Lagerung, Aufbewahrung, Be- und Verarbeitung, Ab- und Umfüllung, Entfernung, Entsorgung und Vernichtung"* definiert.

An einer anderen Stelle (Winter, 2013) findet sich die Definition, wonach eine Tätigkeit als ein Handeln bezeichnet wird, dass sowohl körperlichen als auch geistigem Ursprungs sein kann.

Die eingängigste Definition leitet sich aus der Tätigkeitstheorie (Leont'ev, 2012) ab, auf welcher arbeitspsychologische Theorien aufbauen (Hacker, 2015).

Nach der Tätigkeitstheorie werden drei aufeinander aufbauende Ebenen (Tätigkeiten, Handlungen, Operationen) betrachtet. Demnach umfasst eine Tätigkeit den Gesamtvorgang (z. B. Prüfen des Atemschutzgeräts); die Tätigkeit besteht aus verschiedenen Handlungen (z. B. Kontrolle und Prüfung der Tragplatte mit Druckminderer, Kontrolle der Bänderung, Prüfen von Mitteldruckleitung und Atemanschluss), wobei jede Handlung aus einer oder mehrerer Operationen (Handgriffe, Werkzeugeinsatz) bestehen kann.

Literaturverzeichnis

Anema, J. R. et al., 2004: The effectiveness of ergonomic interventions on return-to-work after low back pain; a prospective two year cohort study in six countries on low back pain patients sicklisted for 3–4 months, In: *Occupational & Environmental Medicine* 4/2004, 289–294.
Arbeitsschutzgesetz (ArbSchG) vom 07. August 1996 [BGBl. I S. 1246] zuletzt geändert durch Artikel 427 der Verordnung vom 31. August 2015 [BGBl. I S. 1474].
Arbeitsstättenverordnung (ArbStättV) vom 12. August 2004 [BGBl. I S. 2179], zuletzt geändert durch Artikel 282 der Verordnung vom 31. August 2015 [BGBl. I S. 1474].
Beratungsgesellschaft für Arbeits- und Gesundheitsschutz GmbH (BfGA), *Arbeitsschutzlexikon von A bis Z* [Online], Abrufbar unter: www.bfga.de/arbeitsschutz-lexikon-a-bis-z [Letzter Zugriff: 07.08.2018].
Berufsgenossenschaft für Gesundheitsdienst und Wohlfahrtspflege (BGW), 2017: *Gefährdungsbeurteilung in der Pflege*, BGW 04-05-110, Stand 02/2017 [Online], Abrufbar unter: https://www.bgw-online.de/SharedDocs/Downloads/DE/Medientypen/BGW%20Broschueren/BGW04-05-110_Gefaehrdungsbeurteilung-Pflege_bf_Download.pdf?__blob=publicationFile [Letzter Zugriff: 19.06.2018].
Berufsgenossenschaft für Gesundheitsdienst und Wohlfahrtspflege (BGW), 2016: *Gefährdungsbeurteilung in Kliniken*, BGW 04-05-050, Stand 08/2016 [Online], Abrufbar unter: https://www.bgw-online.de/SharedDocs/Downloads/DE/Medientypen/BGW%20Broschueren/BGW04-05-040_Gefaehrdungsbeurteilung-in-Kliniken_Download.pdf?__blob=publicationFile [Letzter Zugriff: 19.06.2018].
Berufsgenossenschaft Holz und Metall (BGHM), 2016: Information 102: *Beurteilung von Gefährdungen und Belastungen* [Online], Abrufbar unter: https://www.bghm.de/fileadmin/user_upload/Arbeitsschuetzer/Gesetze_Vorschriften/Informationen/BGHM-I_102.pdf [Letzter Zugriff: 19.06.2018].
Berufsgenossenschaft (BG) – Information (BGI) 504-46, 2005: *Belastungen des Muskel- und Skelettsystems* [Online], Abrufbar unter: http://www.ergonassist.de/EA.2003_02/lastenhandhabung/BGI%20504_46.pdf [Letzter Zugriff: 19.06.2018].
Betriebssicherheitsverordnung (BetrSichV) vom 3. Februar 2015 [BGBl. I S. 49], zuletzt geändert durch Artikel 15 der Verordnung vom 2. Juni 2016 [BGBl. I S. 1257].
Bezirksregierung Düsseldorf (Homepage): *Mutterschutz und Jugendarbeitsschutz* [Online], Abrufbar unter: http://www.brd.nrw.de/arbeitsschutz/56_mutterschutz_jugendarbeitsschutz/index.jsp [Letzter Zugriff: 20.06.2018].
Bildschirmarbeitsverordnung (BildscharbV) vom 4. Dezember 1996 [BGBl. I S. 1841, 1843}, zuletzt geändert durch Artikel 429 der Verordnung vom 31. August 2015 [BGBl. I S. 1474].
Biostoffverordnung (BioStoffV) vom 15. Juli 2013 [BGBl. I S. 2514].
Bös, K., Gröben, F., Woll, A., 2002: Gesundheitsförderung im Betrieb – Was kann die Sportwissenschaft beitragen?, In: *Zeitschrift für Gesundheitswissenschaften*, 2/2002, 144–163.
Brucker, B., 2012: Gesund in der Schwangerschaft arbeiten, In: *Sicherheitsbeauftragter* 11/2012. [Online], Abrufbar unter: https://www.sifa-sibe.de/sicherheit/recht/reform-des-mutterschutzes-2/ [Letzter Zugriff: 20.06.2018].
Bruder, R., Ghezel-Ahmadi, K., Schaub, K., Sinn-Behrendt, A., Mauerhoff, A., Feith, A., 2007: *Abchlussbericht: Arbeitsbezogene Belastungen des Muskel-Skelett-Systems – innovative und integrative Präventionsansätze*. Sachverständigengutachten an Bundesanstalt für Arbeitsschutz und Arbeitsmedizin, Berlin, Darmstadt: Technische Universität Darmstadt. Institut für Arbeitswissenschaft.
Buckle, P., Devereux, J, 1999: *Work related neck and upper limb musculoskeletal disorders*. Bilao: European Agency for Safety and Health at Work, ISBN: 92-828-8174-1.

Literaturverzeichnis

Bundesministerium für Arbeit und Soziales (BMAS), 2018: *Übersicht über das Arbeitsrecht/Arbeitsschutzrecht*, Nürnberg: BW Bildung und Wissen, ISBN 978-3-8214-7291-1.

Bundesanstalt für Arbeitsschutz und Arbeitsmedizin (BAuA), 2012: Amtliche Mitteilung der Bundesanstalt für Arbeitsschutz und Arbeitsmedizin (BAuA), 02/2012, *Schwerpunkt: Psychische Belastung* [Online], Abrufbar unter: https://www.baua.de/DE/Angebote/Publikationen/Aktuell/2-2012.pdf?__blob=publicationFile&v=3 [Letzter Zugriff: 20.06.2018].

Bundesanstalt für Arbeitsschutz und Arbeitsmedizin (BAuA), 2002: *Leitfaden für Arbeitsschutzmanagementsysteme* [Online], Abrufbar unter: https://www.baua.de/DE/Themen/Arbeitswelt-und-Arbeitsschutz-im-Wandel/Organisation-des-Arbeitsschutzes/Organisation-betrieblicher-Ar¬beitsschutz/pdf/Leitfaden-AMS.pdf?__blob=publicationFile&v=3 [Letzter Zugriff: 19.06.2018].

Bundesanstalt für Arbeitsschutz und Arbeitsmedizin (BAuA), 2001: *Leitmerkmalmethode zur Beurteilung von Heben, Halten, Tragen* (Online), Abrufbar unter: https://www.baua.de/DE/Themen/Arbeitsgestaltung-im-Betrieb/Physische-Belastung/Leitmerkmalmethode/pdf/LMM-Heben-Hal¬ten-Tragen.pdf?__blob=publicationFile&v=2 [Letzter Zugriff: 19.06.2018].

Bundesanstalt für Arbeitsschutz und Arbeitsmedizin (BAuA), 2016: *Ratgeber zur Gefährdungsbeurteilung – Handbuch für Arbeitsschutzfachleute*, 3. Auflage [Online], Abrufbar unter: https://www.baua.de/DE/Angebote/Publikationen/Fachbuecher/Gefaehrdungsbeurteilung.pdf?__blob=pu¬blicationFile&v=8 [Letzter Zugriff: 19.06.2018].

Bundesanstalt für Arbeitsschutz und Arbeitsmedizin (BAuA), 2010: *Technische Regeln für Betriebssicherheit, TRBS 1203 »Befähigte Personen«* [Online], Abrufbar unter: https://www.baua.de/DE/Angebote/Rechtstexte-und-Technische-Regeln/Regelwerk/TRBS/pdf/TRBS-1203.pdf?__blob=publicationFile&v=2 [Letzter Zugriff: 19.06.2018].

Bundesarbeitsgericht vom 8.6.2004, 1 ABR 13/03 und 04/03.

Bundespersonalvertretungsgesetz (BPersVG) vom 15. März 1974 (BGBl. I S. 693), zuletzt geändert durch Artikel 7 des Gesetzes vom 17. Juli 2017 (BGBl. I S. 2581).

Bundesverwaltungsgericht (BVerwG) vom 5.3.2012, AZ: 6 PB 25.11.

Bürgerliches Gesetzbuch (80. Auflage), 2017, München: dtv Verlagsgesellschaft, ISBN-13: 978-3423050012.

Das Siebte Buch Sozialgesetzbuch – Gesetzliche Unfallversicherung (SGB VII) – (Artikel 1 des Gesetzes vom 7. August 1996, BGBl. I S. 1254), zuletzt geändert durch Artikel 4 des Gesetzes vom 17. Juli 2017 (BGBl. I S. 2575).

Deutschen Gesellschaft für Arbeitsmedizin und Umweltmedizin (DGAUM)/Gesellschaft für Arbeitswissenschaft (GfA), 2013: *S1-Leitlinie Körperliche Belastung des Rückens durch Lastenhandhabung und Zwangshaltung im Arbeitsprozess* [Online], Abrufbar unter: https://www.awmf.org/uploads/tx_szleitlinien/002-029l_S1_K%C3%B6rperliche_Belastungen_des_R%C3%BCckens_2014-01.pdf [Letzter Zugriff: 19.06.2018].

Deutsche Gesetzliche Unfallversicherung (DGUV), 2016, DGUV Information 205-014: *Auswahl von persönlicher Schutzausrüstung für Einsätze bei der Feuerwehr – Basierend auf einer Gefährdungsbeurteilung* [Online], Abrufbar unter: http://publikationen.dguv.de/dguv/pdf/10002/205-014.pdf [Letzter Zugriff: 19.06.2018].

Deutsche Gesetzliche Unfallversicherung (DGUV), 2011: DGUV Vorschrift 2: *Betriebsärzte und Fachkräfte für Arbeitssicherheit* [Online], Abrufbar unter: http://publikationen.dguv.de/dguv/pdf/10002/v2-bghw.pdf [Letzter Zugriff: 19.06.2018].

Deutsche Gesetzliche Unfallversicherung (DGUV), (zurückgez.), DGUV Information 211-032: *Gefährdungs- und Belastungskatalog – Beurteilung von Gefährdungen und Belastungen am Arbeitsplatz*, (inzwischen zurückgezogen).

Deutsche Gesetzliche Unfallversicherung (DGUV), 2018: DGUV Information 209-068: *Ergonomische Maschinengestaltung von Werkzeugmaschinen der Metallbearbeitung. Checkliste und Auswertungsbogen* [Online], Abrufbar unter: http://publikationen.dguv.de/dguv/pdf/10002/209-068.pdf [Letzter Zugriff: 19.06.2018].

Deutsche Gesetzliche Unfallversicherung (DGUV), 2018: DGUV Information 209-069: *Ergonomische Maschinengestaltung von Werkzeugmaschinen der Metallbearbeitung. Informationen zur Check-

Literaturverzeichnis

liste für CNC-Bearbeitungszentren, CNC-Drehautomaten, handbediente Drehmaschinen, handbediente Fräsmaschinen [...] [Online], Abrufbar unter: http://publikationen.dguv.de/dguv/pdf/10002/209-069.pdf [Letzter Zugriff: 19.06.2018].

Deutsche Gesetzliche Unfallversicherung (DGUV), 2013: DGUV Vorschrift 1: *Grundsätze der Prävention* [Online], Abrufbar unter: https://publikationen.dguv.de/dguv/pdf/10002/1.pdf [Letzter Zugriff: 19.06.2018].

Deutsche Gesetzliche Unfallversicherung (DGUV), 2014: DGUV Regel 100-001: *Grundsätze der Prävention, Konkretisierung und Erläuterung* [Online], Abrufbar unter: https://publikationen.dguv.de/dguv/pdf/10002/100-001.pdf [Letzter Zugriff: 19.06.2018]

Deutsche Gesetzliche Unfallversicherung (DGUV), 2012: DGUV Information 205-021: *Leitfaden zur Erstellung einer Gefährdungsbeurteilung im Feuerwehrdienst* [Online], Abrufbar unter: http://publikationen.dguv.de/dguv/pdf/10002/i-8663.pdf [Letzter Zugriff: 19.06.2018].

Deutsche Gesetzliche Unfallversicherung (DGUV), 2017: DGUV Information 211-042: *Sicherheitsbeauftragte* [Online], Abrufbar unter: https://publikationen.dguv.de/dguv/pdf/10002/211-042.pdf [Letzter Zugriff: 19.06.2018].

Deutsche Gesetzliche Unfallversicherung (DGUV), DGUV Information 203-070: *Wiederkehrende Prüfung ortsveränderlicher elektrischer Arbeitsmittel* [Online], Abrufbar unter: http://publikationen.dguv.de/dguv/pdf/10002/203-070.pdf [Letzter Zugriff: 19.06.2018].

Deutsche Gesetzliche Unfallversicherung (DGUV), DGUV Information 203-072: *Wiederkehrende Prüfung elektrischer Anlagen und ortsfester Betriebsmittel* [Online], Abrufbar unter: https://publikationen.dguv.de/dguv/pdf/10002/203-072.pdf [Letzter Zugriff: 19.06.2018].

DIN EN ISO 12100:2011-03, *Sicherheit von Maschinen – Allgemeine Gestaltungsleitsätze – Risikobeurteilung und Risikominderung* (ISO 12100:2010); Deutsche Fassung (EN ISO 12100:2010).

DIN EN 1005-1:2009-04, *Sicherheit von Maschinen – Menschliche körperliche Leistung – Teil 1: Begriffe* (DIN EN 1005-1:2002-02).

DIN EN 1005-2:2009-05, *Sicherheit von Maschinen – Menschliche körperliche Leistung – Teil 2: Manuelle Handhabung von Gegenständen in Verbindung mit Maschinen und Maschinenteilen* (EN 1005-2:2003+A1:2008).

DIN EN 1005-3:2009-01, *Sicherheit von Maschinen – Menschliche körperliche Leistung – Teil 3: Empfohlene Kraftgrenzen bei Maschinenbetätigung* (EN 1005:2002+A1:2008).

DIN EN 1005-4:2009-01, *Sicherheit von Maschinen – Menschliche körperliche Leistung – Teil 4: Bewertung von Körperhaltungen und Bewegungen bei der Arbeit an Maschinen* (EN 1005-4:2005+A1:2008)

DIN EN 614-1:2009-06, *Sicherheit von Maschinen – Ergonomische Gestaltungsgrundsätze – Teil 1: Begriffe und allgemeine Leitsätze* (EN 614-1:2006+A1:2009).

DIN EN 614-2:2008-12, *Sicherheit von Maschinen – Ergonomische Gestaltungsgrundsätze – Teil 2: Wechselwirkungen zwischen der Gestaltung von Maschinen und den Arbeitsaufgaben* (EN 614-2:2000+A1:2008)

DIN EN 1005-1:2009-04, *Sicherheit von Maschinen – Menschliche körperliche Leistung – Teil 1: Begriffe* (EN 1005-1:2001+A1:2008).

DIN EN 1005-2:2009-05, *Sicherheit von Maschinen – Menschliche körperliche Leistung – Teil 2: Manuelle Handhabung von Gegenständen in Verbindung mit Maschinen und Maschinenteilen* (EN 1005-2:2003+A1:2008).

DIN EN 1005-3:2009-01, *Sicherheit von Maschinen – Menschliche körperliche Leistung – Teil 3: Empfohlene Kraftgrenzen bei Maschinenbetätigung* (EN 1005:2002+A1:2008).

DIN EN 1005-4:2009-01, *Sicherheit von Maschinen – Menschliche körperliche Leistung – Teil 4: Bewertung von Körperhaltungen und Bewegungen bei der Arbeit an Maschinen* (EN 1005-4:2005+A1:2008).

Eberhardt, O., 2012: *Risikobeurteilung mit FMEA* (3. Auflage), Renningen: expert Verlag, ISBN 978-3-8169-3128-7.

Feuerwehr-Dienstvorschrift 100, *FwDV 100, Führung und Leitung im Einsatz*, März 1999.

Literaturverzeichnis

Flake, C., 2001: Psychische Belastungen in der Arbeitswelt erkennen und bewerten, In: dies. et al. (Hrsg.): *Psychischer Stress in der Arbeitswelt. erkennen – mindern – bewältigen. Dokumentation der RKW Fachtagung am 24.11.1999 im Palmengarten Frankfurt/M*, Eschborn, RKW-Verlag, S. 15 – 54.

Gefahrstoffverordnung (GefStoffV) vom 26. November 2010 (BGBl. I S. 1643, 1644), zuletzt geändert durch Artikel 148 des Gesetzes vom 29. März 2017 (BGBl. I S. 626).

Gemeinsame Deutsche Arbeitsschutzstrategie (GDA), 2015: *Leitlinie Beratung und Überwachung bei psychischen Belastungen am Arbeitsplatz* [Online], Abrufbar unter: https://www.gda-portal.de/de/pdf/Leitlinie-Psych-Belastung.pdf?__blob=publicationFile&v=11 [Letzter Zugriff: 20.06.2018].

Gemeinschaft Deutsche Arbeitsschutzstrategie (GDA), 2017: *Leitlinie Gefährdungsbeurteilung und Dokumentation* [Online], Abrufbar unter: https://www.gda-portal.de/de/pdf/Leitlinie-Gefaehr¬dungsbeurteilung.pdf?__blob=publicationFile [Letzter Zugriff: 29.06.2018].

Gesetz über Betriebsärzte, Sicherheitsingenieure und andere Fachkräfte für Arbeitssicherheit vom 12. Dezember 1973 (BGBl. I S. 1885), zuletzt geändert durch Artikel 3 Absatz 5 des Gesetzes vom 20. April 2013 (BGBl. I S. 868).

Gesetz über Ordnungswidrigkeiten (OWiG) in der Fassung der Bekanntmachung vom 19. Februar 1987 (BGBl. I S. 602), zuletzt geändert durch Artikel 5 des Gesetzes vom 27. August 2017 (BGBl. I S. 3295)

Gesetz zum Schutze der arbeitenden Jugend (Jugendarbeitsschutzgesetz – JArbSchG) vom 12. April 1976 (BGBl. I S. 965), zuletzt geändert durch Artikel 13 des Gesetzes vom 10. März 2017 (BGBl. I S. 420).

Gesetz zum Schutze der erwerbstätigen Mutter (Mutterschutzgesetz – MuSchG), in der Fassung der Bekanntmachung vom 20. Juni 2002 (BGBl. I S. 2318), zuletzt geändert durch Artikel 8 des Gesetzes vom 23. Mai 2017 (BGBl. I S. 1228).

Gruber, H., Kittelmann, M., Barth, C., 2017: *Leitfaden für die Gefährdungsbeurteilung*, (15. Überarbeitete Auflage), Bochum: DCVerlag, ISBN: 978-3-943488-49-4.

Hacker, W., 2015, *Psychische Regulation von Arbeitstätigkeiten*, Kröning: Asanger, 978-3-89334-595-3.

Held, J., 2005: *Partizipative Ergonomie: Management und Analysemethoden zur beteiligungsorientierten Gestaltung von Produkten und Arbeitssystemen*, Herzogenrath: Verlag Shaker, ISBN: 978-3832240905.

Hobel, B., Schütte, S., 2006: *Gabler Business-Wissen A-Z Projektmanagement*, Wiesbaden: GWV Fachverlage GmbH, ISBN 978-3-409-12547-5.

Jäger, M. et al., 2015: Ableitung tätigkeitsspezifischer biomechanisch begründeter Handlungsanleitungen für rückengerechtes Bewegen von Patienten, In: *Zeitschrift für medizinische Prävention (ASU) – Arbeitsmedizin* 50/2015, 738-749.

Jäger, M. et al.,1998: *Dortmunder Lumbalbelastungsstudie, Wissenschaftlicher Schlussbericht zum Forschungsvorhaben »Ermittlung der Belastung der Wirbelsäule bei ausgewählten Tätigkeiten«*, Sankt Augustin: HVBG.

Jäger, M., et al., 2014: Analyse der Lumbalbelastung beim manuellen Bewegen von Patienten zur Prävention biomechanischer Überlastungen von Beschäftigten im Gesundheitswesen, In: *Zentralblatt für Arbeitsmedizin* 2/2014, 98-112.

Joiko, K., Schmauder, M., Wolff, S., 2010: *Psychische Belastungen im Berufsleben: Erkennen – Gestalten* (5. Auflage), Dortmund: Bundesanstalt für Arbeitsschutz und Arbeitsmedizin (BAuA), ISBN 978-3-88261-539-5.

Kalberlah, F., Bloser, M., Wachholz, C., 2005: *Toleranz- und Akzeptanzschwelle für Gesundheitsrisiken am Arbeitsplatz, Forschung Projekt* [Online], Abrufbar unter: https://www.baua.de/DE/Angebote/Publikationen/Berichte/F2010.pdf?__blob=publicationFile&v=2 [Letzter Zugriff: 19.06.2018].

Kompendium "Arbeitsschutzrecht" – 2007; Taeger/Rose; Verlag Hüthig Jehle Rehm GmbH; www.hjr-verlag.de

Literaturverzeichnis

Karutz, H., Overhagen, K., Sturm, J., 2013: Psychische Belastungen im Wachalltag von Rettungsdienstmitarbeitern und Feuerwehrleuten, In: *Prävention und Gesundheitsförderung* 3/2013, S. 204 – 211.

Kinney, G., Wiruth, A. D., 1976: *Practical Risk Analysis for Safety Management. NTIS report number NWC-TP-5865*, China Lake: Naval Weapons Center.

Länderausschuss für Arbeitsschutz und Sicherheitstechnik (LASI), 2001: *Handlungsanleitung zur Beurteilung der Arbeitsbedingungen beim Heben und Tragen von Lasten* (4. überarbeitete Auflage) [Online], Abrufbar unter: http://lasi-info.com/uploads/media/lv9.pdf [Letzter Zugriff: 19.06.2018].

Lastenhandhabungsverordnung (LasthandhabV), vom 4. Dezember 1996 (BGBl. I S. 1841, 1842), zuletzt geändert durch Artikel 5 Absatz 4 der Verordnung vom 18. Oktober 2017 (BGBl. I S. 3584).

Laurig, W., 1983: Wissenschaftstheoretische Inhaltsbestimmung des Begriffs von Ergonomie, In: *Zeitschrift für Arbeitswissenschaft (ZfA)* 37(3)/1983, 129 – 133.

Leont'ev, A. N., 2012: *Tätigkeit – Bewusstsein – Persönlichkeit*, Hrsg.: Georg Rückriem, übersetzt von Elana Hoffmann, Köln: Lehmanns Media, ISBN: 978-3865415042.

Lohmann-Haislah, A., 2012: *Stressreport Deutschland 2012 – Psychische Anforderungen, Ressourcen und Befinden*, Dortmund: Bundesanstalt für Arbeitsschutz und Arbeitsmedizin (BAuA), ISBN 978-3-88261-725-2.

Luksch, A., 2016: *Gefährdungsbeurteilung richtig machen* (2. aktualisierte Auflage), Landsberg am Lech: ecomed Sicherheit, ISBN 978-3-609-61957-6.

Metz, A. M., Rothe, H. J., 2017: Psychische Belastung, psychische Beanspruchung und Beanspruchungsfolgen, In: dies. (Hrsg.), *Screening psychischer Arbeitsbelastung – Ein Verfahren zur Gefährdungsbeurteilung*, Wiesbaden: Springer Verlag, ISBN 978-3-658-12571-4.

Mössner, T., 2012: *Risikobeurteilung im Maschinenbau*, Forschung Projekt 2216 Dortmund: Bundesanstalt für Arbeitsschutz und Arbeitsmedizin (BAuA), ISBN 978-3-88261-145-8.

Mühlbach, S., 1997: *Bericht über die Untersuchung zur psychischen Belastung und Beanspruchung des Rettungsdienstpersonals in Rettungswachen*, Potsdam: Landesinstitut für Arbeitssicherheit und Arbeitsmedizin.

Nissen, R., 2013: Beanspruchung und Belastung. In: E. Winter (Hrsg.), 2013: *Gabler Wirtschaftslexikon* (18. Auflage), Wiesbaden: Springer Gabler. [Online], Abrufbar unter https://wirtschaftslexikon.gabler.de/definition/beanspruchung-und-belastung-28048?redirectedfrom=Beanspruchung [Letzter Zugriff: 20.06.2018].

Nohl, J., 1989: *Grundlagen zur Sicherheitsanalyse. Grundlagen und Aufbau einer prospektiven Vorgehensweise im Arbeitsschutz*, Frankfurt/M.: Verlag Peter Lang, ISBN 978-3631419939.

Nohl, J., 1989: *Verfahren zur Sicherheitsanalyse. Eine prospektive Methode zur Analyse und Bewertung von Gefährdungen*, Wiesbaden: Springer Fachwissen, ISBN 978-3-8244-2001-8.

Nohl, J., Thiemecke, H., 1988: *Systematik zur Durchführung von Gefährdungsanaly-sen, Teil 1 – Theoretische Grundlagen und Teil 2 – Praxisbezogene Anwendungen*, chriftenreihe der Bundesanstalt für Arbeitsschutz und Arbeitsmedizin (Fb 1046), Bremerhaven: Wirtschaftsverlag NW. Verlag für neue Wissenschaft GmbH, ISBN: 9783883147369.

Normenausschuss Feuerwehrwesen: Schutzleiterprüfeinrichtung für Stromerzeuger. In: *BRAND-Schutz/Deutsche Feuerwehrzeitung* 12/2017, S. 949.

Pfeifer, K. 2004: Prävention von Erkrankungen des Bewegungsapparates – Evidenzbasierung, In: *Bewegungstherapie und Gesundheitssport* 20/2004, 68–69.

Pope, M. H., Goh, K. L., Magnusson, M. L., 2002: Spine Ergonomics, In: *Annual Review of Biomedical Engineering* 4/2002, 49-68.

Reudenbach, R., 2009: *Sichere Maschinen in Europa. Teil 3. Risikobeurteilung*, Bochum: Verlag Technik & Information, ISBN 978-3941441149.

Rohmert, W., 1984: Das Belastungs-Beanspruchungs-Konzept, In: *Zeitschrift für ArbeitsWissenschaft* 38/1984, S. 193 – 200.

Sandrock, S., 2011: Depression und Burnout – wie Unternehmen damit umgehen können. In: *Betriebspraxis & Arbeitsforschung* 209/2011, S.16–23.

Literaturverzeichnis

Sauer, J., Scheil, M., Schnurr, M., Kiparski, R., 2017: *Arbeitsschutz von A bis Z: Fachwissen im praktischen Taschenformat* (11. Auflage), Freiburg: Haufe-Lexware GmbH & Co. KG, ISBN: 978-3648089316.

Schmid, K. et al., 2008: Einfluss der Schichtarbeit im Rettungsdienst auf psychische Parameter, In: *Psychotherapie – Psychosomatik – Medizinische Psychologie (PPmP)* 11/2008, S. 416 – 422.

Seiter, K., 2012: Merkmale und Folgen von Emotionsarbeit, In: DIN (Hrsg.): *Psychische Belastungen und Beanspruchungen am Arbeitsplatz inklusive DIN EN ISO 10075-1 bis 3*, Berlin: Beuth, 38 – 48.

Stadler, P., Schärtel, B., 2007: *Psychische Fehlbelastungen von Rettungsdienstmitarbeitern und Optimierungsmöglichkeiten (Bayerisches Landesamt für Gesundheit und Lebensmittelsicherheit)* [Online], Abrufbar unter: https://www.lgl.bayern.de/downloads/arbeitsschutz/arbeitspsychologie/doc/endbericht_rettungsdienst.pdf [Letzter Zugriff: 20.06.2018].

Steinberg, U., Windberg, H. J., 1997: *Leitfaden Sicherheit und Gesundheitsschutz bei der manuellen Handhabung von Lasten*, Bremerhaven: Wissenschaftsverlag NW, ISBN: 3-89429-833-2 (vergriffen).

Steinberg, U., Behrendt, S., Caffier, G., Schultz, K., Jakop, M., 2007: *Leitmerkmalmethode – manuelle Arbeitsprozesse*, Bundesanstalt für Arbeitsschutz und Arbeitsmedizin, Forschung Projekt 1994 [Online], Abrufbar unter: https://www.baua.de/DE/Angebote/Publikationen/Berichte/F1994.pdf?__blob=publicationFile&v=2 [Letzter Zugriff: 07.08.2018]

Strafgesetzbuch (StGB) in der Fassung der Bekanntmachung vom 13. November 1998 (BGBl. I S. 3322), zuletzt geändert durch Artikel 1 des Gesetzes vom 30. September 2017 (BGBl. I S. 3532).

Strafprozessordnung (StPO) in der Fassung der Bekanntmachung vom 7. April 1987 (BGBl. I S. 1074, 1319), zuletzt geändert durch Artikel 1 des Gesetzes vom 27. August 2017 (BGBl. I S. 3295).

Technische Regeln für Arbeitsstätten, ASR V3, *Gefährdungsbeurteilung*, Ausgabe: Juli 2017, GMBl Nr. 22 vom 5. Juli 2017, S. 390.

Technische Regeln für Arbeitsstätten, ASR A3.5, *Raumtemperatur*, Ausgabe Juni 2010 zuletzt geändert GMBl 2014, S. 287.

Technische Regeln für Betriebssicherheit, TRBS 1111, *Gefährdungsbeurteilung und sicherheitstechnische Bewertung*, vom 15. September 2006; BAnz. 232a vom 9. Dezember 2006, S. 7.

Technische Regeln für Betriebssicherheit, TRBS 1151, *Gefährdungen an der Schnittstelle Mensch-Arbeitsmittel – Ergonomische und menschliche Faktoren, Arbeitssystem*, Ausgabe März 2015, GMBl 2015 S. 340.

Technische Regeln für Betriebssicherheit (TRBS), TRBS 1151, GMBl 2015 S. 340 [Nr. 17/18].

Technische Regeln für Biologische Arbeitsstoffe, TRBA 250, *Biologische Arbeitsstoffe im Gesundheitswesen und in der Wohlfahrtspflege*, Ausgabe März 2014 GMBl 2014, Nr. 10/11 vom 27.03.2014 1. Änderung vom 22.05.2014, GMBl Nr. 25 2. Änderung vom 21.7.2015, GMBl Nr. 29 3. Änderung vom 17.10.2016, GMBl Nr. 42.

Technische Regeln für Gefahrstoffe, TRGS 401, *Gefährdung durch Hautkontakt*, Ausgabe: Juni 2008 zuletzt berichtigt GMBl 2011 S. 175 [Nr. 9].

Technische Regeln für Gefahrstoffe, TRGS 554, *Abgase von Dieselmotoren*, Ausgabe: Oktober 2008 berichtigt: GMBl Nr. 28 S. 604-605 (v. 2.7.2009).

Technische Regeln für Gefahrstoffe, *Gefährdungsbeurteilung für Tätigkeiten mit Gefahrstoffen*, Ausgabe Juli 2017 GMBl 2017 S. 638 [Nr. 36] v. 08.09.2017.

Unfallkasse Baden-Württemberg, 2012: *Organisation des Arbeitsschutzes. Landkreise, Städte und Gemeinden* [Online], Abrufbar unter: https://www.ukbw.de/fileadmin/media/dokumente/Sicherheit___Gesundheit/publikationen-allgemein/iam2.pdf [Letzter Zugriff: 19.06.2018].

van Tulder, M., Koes, B., 2003: Lumbalgie und Ischialgie, akute. In: G. Ollenschläger et al. (Hrsg.): *Kompendium evidenzbasierte Medizin*. Bern: Huber, ISBN 2004 236 – 247.

Verordnung über Sicherheit und Gesundheitsschutz bei der Benutzung persönlicher Schutzausrüstungen bei der Arbeit (PSA-Benutzungsverordnung – PSA-BV), vom 4. Dezember 1996 (BGBl. I S. 1841).

Literaturverzeichnis

Verordnung zum Schutz der Beschäftigten vor Gefährdungen durch Lärm und Vibrationen (Lärm- und VibrationsArbeitsschutzverordnung – LärmVibrationsArbSchV) vom 6. März 2007 (BGBl. I S. 261), zuletzt geändert durch Artikel 2 der Verordnung vom 15. November 2016 (BGBl. I S. 2531).

Verordnung zum Schutze der Mütter am Arbeitsplatz (MuSchArbV) vom 15. April 1997 (BGBl. I S. 782), zuletzt geändert durch Artikel 9 des Gesetzes vom 23. Mai 2017 (BGBl. I S. 1228).

Waters, T. R. et al., 1993: Revised NIOSH equation for the design and evaluation of manual lifting traks, In: *Ergonomics* 36/1993, 749- 776.

West, J., 2013: Arbeitsplatzgestaltung. In: E. Winter (Hrsg.), 2013: *Gabler Wirtschaftslexikon* (18. Auflage), Wiesbaden: Springer Gabler. [Online], Abrufbar unter https://wirtschaftslexikon.gabler.de/definition/arbeitsplatzgestaltung-29050?redirectedfrom=Arbeitsumgebung, [Letzter Zugriff: 20.06.2018].

Wienholf, Dr. L., 2005: *Qualität des Handelns der Fachkräfte für Arbeitssicherheit, Schriftenreihe der Bundesanstalt für Arbeitsschutz und Arbeitsmedizin* (Fb 1046), Bremerhaven: Wirtschaftsverlag NW. Verlag für neue Wissenschaft GmbH, ISBN: 3-86509-331-0.

Winter, E. (Hrsg.), 2013: *Gabler Wirtschaftslexikon* (18. Auflage), Wiesbaden: Springer Gabler, ISBN-13: 978-3834934642

Wolf, S. et al., 2014: Erfahrungen und Umsetzungsbeispiele in der Erstellung der Gefährdungsbeurteilung psychischer Belastungen, In *ErgoMed/Praktische Arbeitsmedizin* 5/2014 (38), S. 10 – 20.

Zimmermann, U., 2016: Ein Arbeitsschutzmanagementsystem für die Feuerwehr, In: *BRANDSchutz/Deutsche Feuerwehrzeitung* 9/2016, S. 667 – 671.

Zimmermann, U, Tittmann, O., 2016: *Arbeitsschutzmanagement in der Feuerwehr Stuttgart*: Kohlhammer GmbH, ISBN 978-3-17-028390-9.

2016. 432 Seiten. Kart. € 45,–
ISBN 978-3-17-028390-9
Fachbuchreihe Brandschutz

Führung

Uwe Zimmermann/Oliver Tittmann
Arbeitsschutzmanagement in der Feuerwehr

Das Thema „Arbeitsschutzmanagement" gewinnt bei den Feuerwehren immer mehr an Bedeutung. Viele Feuerwehren verfügen allerdings weder über das fachlich qualifizierte Personal für diesen Bereich noch über die entsprechenden finanziellen Möglichkeiten, um ein externes Ingenieurbüro mit dieser Aufgabenstellung zu beauftragen. Dieses Fachbuch soll den Verantwortlichen bei Feuerwehren und Brandschutzdienststellen als Informations- und Arbeitsgrundlage dienen. Es behandelt die Grundlagen des Arbeitsschutzes und gibt eine Anleitung zur Erstellung eines Arbeitsschutzmanagement-Handbuchs. Hinweise und Muster zur Erstellung von Gefährdungsbeurteilungen sowie Betriebs- und Verfahrensanweisungen runden den Inhalt ab.

Leitender Branddirektor Uwe Zimmermann ist Leiter der Stabsstelle Projektmanagement der Feuerwehr Duisburg. Branddirektor Oliver Tittmann ist Leiter der Feuerwehr Duisburg.

Leseproben und weitere Informationen: www.kohlhammer-feuerwehr.de

W. Kohlhammer GmbH
70549 Stuttgart